妙點子放光芒

編輯序

當孩子不愛讀書……

慈濟傳播人文志業中心出版部

親師座談會上，一位媽媽感嘆說：「我的孩子其實很聰明，就是不愛讀書，不知道該怎麼辦才好？」另一位媽媽立刻附和，「就是呀！明明玩遊戲時生龍活虎，一叫他讀書就兩眼無神，迷迷糊糊。」

「孩子不愛讀書」，似乎成為許多為人父母者心裡的痛，尤其看到孩子的學業成績落入末段班時，父母更是心急如焚，亟盼速速求得「能讓孩子愛讀書」的錦囊。

當然，讀書不只是為了狹隘的學業成績；而是因為，小朋友若是喜歡閱讀，可以從書本中接觸到更廣闊及多姿多采的世界。

問題是：家長該如何讓小朋友喜歡閱讀呢？

專家告訴我們：孩子最早的學習場所是「家庭」。家庭成員的一言一行，尤其是父母的觀念、態度和作為，就是孩子學習的典範，深深影響孩子的習慣和人格。

因此，當父母抱怨孩子不愛讀書時，是否想過——

「我愛讀書、常讀書嗎？」

「我的家庭有良好的讀書氣氛嗎？」

「我常陪孩子讀書、為孩子講故事嗎？」

雖然讀書是孩子自己的事，但是，要培養孩子的閱讀習慣，並不是將書丟給孩子就行。書沒有界限，大人首先要做好榜樣，陪伴孩子讀書，營造良好的讀書氛圍；而且必須先從他最喜歡的書開始閱讀，才能激發孩子的讀書興趣。

根據研究，最受小朋友喜愛的書，就是「故事書」。而且，孩子需要聽過一千個故事後，才能學會自己看書；換句話說，孩子在上學後才開始閱讀便已嫌遲。

美國前總統柯林頓和夫人希拉蕊，每天在孩子睡覺前，一定會輪流摟著孩子，為孩子讀故事，享受親子一起讀書的樂趣。他們說，他們從小就聽父母說故事、讀故事，那些故事不但有趣，而且很有意義；所以，他們從故事裡得到許多啟發。

希拉蕊更進而發起一項全國的運動，呼籲全美的小兒科醫生，在給兒童的處方中，建議父母「每天為孩子讀故事」。

為了孩子能夠健康、快樂成長，世界上許多國家領袖，也都熱中於「為孩子說故事」。

其實，自有人類語言產生後，就有「故事」流傳，述說著人類的經驗和歷史。

故事反映生活，提供無限的思考空間；對於生活經驗有限的小朋友而言，通過故事可以豐富他們的生活體驗。一則一則故事的累積就是生活智慧的累積，可以幫助孩子對生活經驗進行整理和反省。

透過他人及不同世界的故事，還可以幫助孩子瞭解自己、瞭解世界以及個人與世界之間的關係，更進一步去思索「我是誰」以及生命中各種事物的意義所在。

所以，有故事伴隨長大的孩子，想像力豐富，親子關係良好，比較懂得獨立思考，不易受外在環境的不良影響。

許許多多例證和科學研究，都肯定故事對於孩子的心智成長、語言發展和人際關係，具有既深且廣的正面影響。

為了讓現代的父母，在忙碌之餘，也能夠輕鬆與孩子們分享故事，我們特別編撰了「故事home」一系列有意義的小故事；其中有生活的真實故事，也有寓言故事；有感性，也有知性。預計每兩個月出版一本，希望孩子們能夠藉著聆聽父母的分享或自己閱讀，感受不同的生命經驗。

從現在開始，只要您堅持每天不管多忙，都要撥出十五分鐘，摟著孩子，為孩子讀一個故事，或是和孩子一起閱讀、一起討論，孩子就會不知不覺走入書的世界，探索書中的寶藏。

親愛的家長，孩子的成長不能等待；在孩子的生命成長歷程中，如果有某一階段，父母來不及參與，它將永遠留白，造成人生的些許遺憾——這決不是您所樂見的。

作者序

生活中處處是發明

◎吳立萍

早晨起來，刷牙梳洗之後，桌上有香脆的早餐玉米片，還有夾著香濃起司的三明治，為我們帶來充滿元氣、營養滿分的活力來源。

吃完早點以後，準備出門上學嘍！可別忘了帶傘，因為氣象預報今天白天可能會下雨。學校離家有點距離，平常都是騎腳踏車去上課；為了避免淋成落湯雞，就搭公車去學校吧！

到了週末，和同學相約溜直排輪；要戴著手錶，提醒自己別錯過了時間。溜完了直排輪，大夥兒還要一起去看電影，再去參觀一場別開生面的機器人大展。聽說，暑假期間，在東部有繽紛的熱氣球嘉年華會活動，大夥兒也說好了有機會想去湊熱鬧。

沒有安排外出的假日，就在家裡幫忙做點簡單的家事吧！現在有各種方便好用的家電產品，很多都是小朋友也可以輕鬆操作的呵！

在我們的日常生活中，無時無刻都在使用、或者可以說是在享受許多「發明」。這些發明從表面上看，或許不像愛迪生發明燈泡那麼影響巨大，而只是小小的創意發想；然而，這一點一滴逐漸累積起來的小發明，卻讓我們的生活有了現在的便利。可以試著想像一下，如果沒有這些發明，我們要回到以前古早時代的生活，大部分的人一定都不能適應吧！

前一本《妙點子翻跟斗》曾獲入圍第三十一屆金鼎獎最佳科學類圖書獎的肯定；延續第一本的架構，《妙點子放光芒》也收集了三十個生活當中常見的

作者序

不同的是，第一本收集較多醫學方面的發現和發明，也增加了許多故事性的人物對話，讓內容更為活潑生動；第二本的題材則較為貼近小朋友的生活，舉凡食、衣、住、行及娛樂等，從各方面收集故事，並減少了人物對話，盡量忠實呈現發明的緣起及過程，讓小讀者能夠一目瞭然。

發明就是不斷的創造和進步，後人可以站在前人累積的基礎上，使各項發明更盡善盡美，同時也因此觸發靈感，產生更多不同的發明。我們今天能過這樣便利的生活，都要感謝所有科學家及發明家的努力。

發明也不只是科學家或發明家的專利；小朋友的一個突發奇想或靈光乍現，都有可能是一項發明的泉源。可是，只有空想是沒用的，還要付諸實行；小朋友可以自行多方收集資料、請教老師後，再像本書中三十個故事的主角那樣，透過實驗將構想化為現實。小朋友們在其他領域的學習道路上，也都要抱持這樣的想法，只要有行動就有收穫。

而且，不要害怕挫折；大部分的發明家都不是一次就成功的，而是從失敗中記取教訓、改善缺點，離成功就會越來越近。

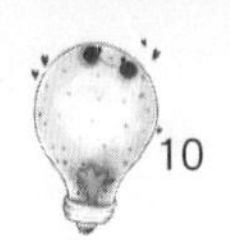

目錄

發酵的好滋味——乳酪

傳說，在好幾千年以前，一個阿拉伯人攜帶一只裝了牛奶的皮袋，在酷熱的沙漠裡行走；他在大太陽底下揮汗如雨，口渴得不得了。當他拿起皮袋、拔開塞子，正準備要喝牛奶時，發現皮袋裡飄出一股酸味；搖一搖皮袋，裡面發出液體和固體搖動的聲音。「該不會是壞了？」他心裡想。可是，要把牛奶倒掉實在可惜，他於是又把塞子塞了回去。

到了晚上，他再打開皮袋時發現，牛奶雖然仍帶著酸味，卻也飄出另一種不同的香氣；他覺得很奇怪，於是嘗了一下味道，竟然別有一番風味。原來，裝牛奶的皮袋是用牛胃做的，裡面含有酵素，會和牛奶起發酵作用，產生液狀的乳清和半固狀的凝乳塊。這樣的「發現」經過一段時間的發展，就產生了人人愛吃的乳酪了。

這個傳說的真實性已經無法考證，但乳酪至少在一萬兩千年前就

已出現是可以確定的，因為考古學家在兩河流域發現許多製造乳酪的器具，估計是一萬兩千年前的文物；另外，在距今五千年前的兩河流域蘇美人的文獻中，也有關於乳酪的記載。

乳酪是無意中「發現」的食品，並不是某一個人的發明；很可能是在許多有畜養牛羊的人類聚落裡，在差不多的時期陸續被發現及食用。人類最早用來盛裝牛奶及羊奶的容器，是皮袋、陶器或木器；因為沒辦法低溫冷藏，所以很容易發酵變酸，形成半固狀的凝乳，這就是原始的乳酪。不過，天然發酵的乳酪酸味較強，比較不好吃。

現在的乳酪使用凝乳素製作，口味變得好吃多了；但是，這種方式從什麼時候開始，也已經沒有辦法考證了，只知道在大約三到四世紀時，羅馬人已會製作硬質的乳酪，方法就和現在差不多。古羅馬人在歐洲及亞洲地區四處征戰，在許多地方學會不同的乳酪製作方式。他們大量生產乳酪，以做為軍隊的口糧；隨著軍隊征戰的腳步，也把乳酪的製作方法傳播出去，讓乳酪在西方國家成為一種大眾化的日常食物。

乳酪成為普遍的商品，是從一八五一年美國紐約的羅馬城出現世界第一個乳酪製造工廠開始；之後的十五年間，同一個地方陸陸續續開設了五百多家乳酪工廠。直到今天，美國仍是世界最大的乳酪生產國，同時也是最大的進口國。

隨著乳酪商品化以後，口味也變得十分眾多，吃法也很多樣；不論是切片、切丁直接吃，又或者夾麵包、做成沙拉料、披薩、焗烤、蛋糕點心等，隨個人的喜好不同，想怎麼吃都可以。由於十磅的奶才能做出一磅乳酪，所以乳酪的營養價值很高，尤其含有豐富的蛋白質和鈣，以及維生素B2、寡糖及乳酸菌等，對健康很有幫助；但也要小心乳酪的熱量很高，適量食用才不會造成身體負擔呵！

給小朋友的貼心話

你喜歡喝優酪乳或吃優格嗎？它們和乳酪一樣，都是發酵的乳製品；由於含有豐富的益生菌，可以幫助維持腸道的健康呢！

為你擋雨遮陽——雨傘及陽傘

魯班是大約三千年前、中國春秋時期的一位工匠，因為技術很好，許多人都喜歡找他蓋房子。有一天，外面下著大雨，魯班依照和雇主的約定，準備出門工作。

「下雨了，今天不要去了！」魯班的妻子對丈夫說。

「不去不行啊！工作做不完；如果雨下太大，我會到涼亭躲雨。」說完之後，他便帶著大包小包的工具出門了。

看見丈夫冒著大雨外出工作，妻子實在不忍心；她心想，如果可

以做一個能夠隨身帶著走的「涼亭」，那不是更方便嗎？由於她也是一位巧匠，試驗了許多次，終於製作出能夠開合且方便攜帶的傘。

在中國，類似傘的物品其實在魯班之前就已經出現了；貴族外出時，有一種由侍者在旁邊撐著幫主人擋風及遮陽的用具，古人稱它為「蓋」，裝飾華麗的則是「華蓋」。在可以開合的雨傘出現後，由於遮雨布是昂貴的絲帛，一般平民百姓買不起；所以，穿簑衣、戴斗笠仍是大多數人避免被雨淋濕的方法。

直到漢代以後，才出現油紙傘；傘面使用塗了桐油的紙，具有較好的防水效果，價錢也比絲帛低廉。大約在唐宋時期，油紙傘開始在民間普及，並於唐代傳入日本及東南亞。到了清代，人們在傘面上繪製精美的圖案，使油紙傘從生活用品提升為工藝品。

其實，不僅中國人用傘，世界上許多古老國家的人們，例如埃及、亞述、希臘及羅馬人也都會用傘，推測時間大約距今四千年前。以前的人用傘的目的都大同小異，不是擋雨就是遮陽；在有危險的時候，也可以拿來當防身的武器。最特別的是，傘甚至還可以傳達心情。

十八世紀的英國，傘曾經是女性的專用品；從女性拿傘的動作，可以知道她對愛情的態度。例如，把傘豎起來，表示對愛情的堅貞；傘拿在手中慢慢晃動，表示不信任對方；左手拿著撐開的傘，表示「我現在沒有空」；如果把傘靠在右肩，則是「我不想再見到你」。到了十九世紀，英國男士也開始使用傘了，外出拿傘還成為標準的英國紳士形象之一。一九六九年，英國成立了傘博物館，可見他們對傘多麼重視。

到了近代，由於材料科技的發達，各種尼龍傘、塑料傘、折疊傘、自動傘也都出現了，而且功能更好；例如，傘骨較具韌性、不易被風吹斷，或傘面的布料有防止紫外線的塗料等。消費者可以根據不同的使用目的及習慣，選擇適合的傘。

現在幾乎每個人都能擁有傘，傘的確是外出時不能缺少的隨身日用品；不過，因為傘骨尖銳的地方很容易傷到別人，在使用的時候千萬要小心。

給小朋友的貼心話

你有出門帶傘的習慣嗎？臺灣是海島型氣候，潮濕多雨，尤其北部很容易下雨；如果沒帶傘而被淋成落湯雞，那可真是狼狽呀！

要記得，在使用雨傘的時候，千萬不可以將傘尖對著別人；萬一不小心戳到人，是會讓人受傷的。

用餐的小工具——筷子和叉子

傳說在距今四千一百年左右，大禹為了治理洪水，忙到連吃飯的時間都沒有。有一次，他在家裡煮了一鍋食物，原本想先吃了再出門；可是，剛煮好的食物太燙了，根本沒有辦法直接用手拿。

他急著要出門治水，沒時間等鍋裡的食物放涼再吃；於是，情急之下，他拿了兩根小木棍把食物夾出來吃。這就是傳說中筷子的起源。

中國人使用筷子的歷史非常悠久。遠古的人類都是直接用手抓食

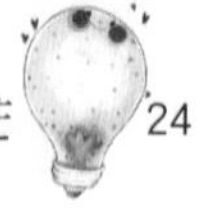

物吃；有時因為怕燙的緣故，便以身邊隨手可得的小樹枝夾取食物；久而久之，便學會了夾食的本領。

根據可信的記載，至少在三千五百年前的中國商朝，筷子就已經出現了；但當時不叫筷子，而是稱為「挾」，漢朝改稱「箸」，隋唐稱為「筯」。有趣的是，由於箸和筯的發音與「滯」、「住」類似，有「停止」的意思；古人避

諱不吉利的字，便以相反的「快」字來稱呼。到了宋代，因為大多數「快子」都以竹子製成，所以才在快字上加竹字頭，成為「筷」。隨著中華文化的傳播，鄰近的日本、韓國、東南亞各國都受到影響，也使用筷子吃飯。簡簡單單的兩根筷子，就像是手指的延長；運用物理學上的槓桿原理，所有手指能做的事情，筷子也都可以做到，是不是很神奇呢？

筷子是東方人的吃飯工具，叉子則是西方人的用餐工具。在叉子被發明以前，歐洲人都用手和餐刀取食；不管是王公貴族還是一般百姓，出門時都會將餐刀裝在牛皮袋裡，並繫在腰間隨身攜帶。貴族的餐刀十分講究，還會鑲上珠寶或鏤刻精緻的花紋，是身分地位的象徵。

叉子又是怎麼在西方國家流行起來的呢？義大利是西方美食的發源地，也是第一個使用叉子的國家；他們一手拿餐刀切食物，另一手用叉子取食。在一五一八年，當時義大利最繁榮的威尼斯舉辦了一場公爵宴會，一位法國絲綢商人記下他的見聞，描述義大利公爵用銀製叉子用餐的情形；不過，當時大部分歐洲國家的人對於用叉子取食很不以為然。直到一五三三年，義大利公主凱薩琳下嫁法國王儲亨利二世，同時也帶去三十位義大利名廚；於是，法國人在義大利美食的基礎上更發揚光大，創造出世界有名的法國菜；而刀叉併用的用餐方式，也在歐洲各國流傳開來。

早期的叉子都只有二叉或三叉，吃麵時很不好拿取；如果麵條掉在盤子裡，還會造成醬汁四濺、弄髒衣服，且動作也不雅觀。有一次，統治義大利那不勒斯城的斐迪南二世國王，向他的侍者表達不滿；為了滿足國王愛吃麵的喜好，侍者發明了四叉的叉子。這種叉子不論吃麵或取食其他食物都很方便，動作也可以比較優雅，因此後來的叉子大都有四叉。

從以上的故事來看，東方人用筷子吃飯，比西方人用叉子早了好幾千年。現代人為了外出用餐方便，發展出用一次就丟的免洗筷。一棵二十年樹齡的樹，只能製造四千雙筷子；光是以中國十四億人口每年消耗八百億雙免洗筷的速度來說，現有的森林資源根本不夠用，更何況還有其他東方國家也在使用，消耗量實在驚人。所以，我們外出

用餐最好能自備環保筷，以保護珍貴的森林資源並減少垃圾量呵！

給小朋友的貼心話

在用餐的時候，有沒有注意禮節呢？例如，吃東西要專心，要細嚼慢嚥、不要邊吃邊講話，餐具不要指向別人或敲打出聲音……可別小看了這些小細節；它不但會影響我們的健康，也是有教養、有禮貌的表現呵！

男生穿出來的時尚——高跟鞋

「哼！」法國國王路易十四氣呼呼的走進凡爾賽宮，「有什麼了不起，不就是比較高一點而已！」

周圍的隨從和侍者都嚇得不敢講話。

「那雙鞋子到底做好了沒有？快去拿來！」國王大聲喊著。

「做好了、做好了，鞋匠原本就承諾今天會送過來。」侍者回答。

「叫他快一點！」國王已經不耐煩了。侍者不敢怠慢，立刻去請鞋匠把鞋子拿來。

鞋匠捧著一雙有著高高鞋跟的鞋子，跪在國王跟前幫他把鞋子套在腳上。國王走到鏡子前面左看右看，覺得還不夠滿意，又叫侍者把他的假髮拿來。這頂假髮做得很高，國王把它戴在頭上，立刻「長高」了許多，總算露出滿意的微笑。

原來，路易十四天生就是個小個子；他雖然貴為國王，對於自己的身高卻相當自卑，尤其是面對比他還要高出半個頭的大臣時，更覺得威嚴盡失。所以，他命人做了一頂高高的假髮，以及一雙鞋跟很高的鞋子，鞋跟上還畫著他帶領軍隊戰勝其他國家的畫面，以顯示他的英勇。

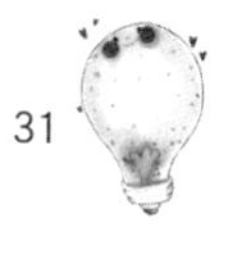

但是，高跟鞋又怎麼會成為女士的流行時尚呢？路易十四在位的年代（一六三八到一七一五年），凡爾賽宮裡的宮女經常溜出宮外玩耍；於是，他下令每一個宮女都要穿上高跟鞋，用這種方法來限制她們的行動。宮女們哭喪著臉，但國王的命令又不能不遵從，只好勉強穿上這奇怪的鞋子。

不過，路易十四的如意算盤打錯了。剛開始穿上高跟鞋的宮女們走起路來的確不太方便；可是，一段時間之後就習慣了，根本不影響行動，卻意外的發現高跟鞋可以增加女性的魅力，從此愛上了穿高跟鞋。後來，高跟鞋流行到宮外，很快的蔓延到整個歐洲甚至全世界，這是路易十四絕對料想不到的。

關於高跟鞋還有另外一個傳說。在十五世紀的義大利威尼斯，有一位商人不喜歡妻子老是外出拋頭露面，便訂做了一雙後跟很高的鞋子給妻子穿；沒想到，她穿上這種鞋子感覺很新奇，反而更常外出逛街。大家覺得她這雙鞋子很美，於是爭相模仿，女性穿高跟鞋的習慣便傳了開來。

其實，早在西元前三千五百

年，埃及的貴族女性們便穿著高跟鞋了。兩、三百年前的中國清朝時期，貴族女性及皇宮裡的宮女，也都要穿上一種鞋底中央有高鞋跟的鞋子，可以使她們像裹小腳的漢人婦女一樣，走起路來婀娜多姿。

不論是裹小腳還是高跟鞋，發明的緣起都是對女性的控制，裹小腳更是殘忍——為了限制女性的行動，女孩們從小就被迫纏足，使腳

部無法正常成長；還好，這種陋習早已經消失。現在的女性可以針對不同場合及活動的需要，選擇穿著適合的高跟鞋或平底鞋。高跟鞋是大人的鞋子，不適合活蹦亂跳的小朋友及青少年，可不要好奇的去穿大人的高跟鞋呵！

給小朋友的貼心話

鞋子的款式五花八門，有些並不適合小朋友穿，像高跟鞋就不是小朋友能穿的鞋子。

除了要聽家長的建議選擇適合自己的鞋子，平常也要養成良好的衛生習慣，保持腳部的健康呵！

還我一口好牙——假牙

「總統先生，這樣很好，這樣可以了。」一位畫師向總統華盛頓說道。

「嗯！」華盛頓挺起胸膛，緊抿雙唇，讓畫師替他畫像。

華盛頓在一七八三年成為美國第一任總統，也是全世界第一個有「總統」稱號的國家元首；在美國獨立戰爭及建國的過程中，他擔任相當重要的角色。但是，這位在美國人心目中的偉大英雄，卻被一個問題長期困擾著：他的牙齒很不好，甚至快掉光了，使他的兩頰凹陷。因此，他每次出席重要的場合，都要在兩頰塞棉花，好讓兩頰飽滿、儀容威嚴。

其實他有好幾副相當昂貴的全口假牙；但是，當年的假牙製作技術不像現代這麼進步。當時的「牙齒」是用各種動物的牙齒或骨骼磨製而成，比照人類的上下牙齒排列方式，固定在一個金屬基座上，戴的時候就整個套進嘴裡。這樣的假牙戴起來很不舒服，而且很容易發臭，總統先生當然不願意戴。

這一天，他要畫師幫他畫肖像，一樣也是在兩頰塞了棉花；這張畫像，就是後來一元美鈔上的肖像原件。華盛頓的確很有威嚴，但他的雙唇緊閉，看起來就像是在口裡含了東西。

假牙的發明時間很早；大約在二千七百多年前左右，古代義大利北部就有人用黃金製作假牙。但是，黃金希有且昂貴，也不容易做出完全適合病人的牙齒；而且，上排牙齒經常掉落，所以大部分的人都不喜歡戴假牙。還好，古代人食物吃得簡單，也沒有太多甜食，因此有蛀牙的人比較少，假牙的需求量不大。

到了華盛頓身處的十八世紀，假牙的發展速度還是很慢；當時雖然有法國牙醫首先以鋼質彈簧製作假牙，還是很難讓病人咬合。華盛頓花大錢製作了好幾副假牙；可是，在他的一生中，從來沒有對任何一副假牙感到滿意。

一直到一九四〇年代以前，假牙製作技術都沒什麼長足進步；在歐洲，甚至還出現向窮人買健康的真牙，或從死者口中拔下牙齒，然後裝在富人口中的「醫療」行為。當時沒有消毒的觀念，這種做法很容易感染疾病；以現在的醫學眼光來看，真是不可思議。

隨著人類的食物越來越精緻化，甜食的種類五花八門，人們蛀牙的機率因此提高。終於，有一位法國人想到將蠟放進病人嘴裡壓印，再利用這個模子翻製成裝假牙的底座；不過，用蠟做出來的模子很容易變形，還是不理想。後來，一位美國的五金商兼發明家在一八四四年發表了一種叫做硬橡皮的硬化橡膠材質；用這種材料做出來的模子不易變形，總算可以製作出能夠和病人牙床相配的底座。

之後，假牙的發展快馬加鞭，漂亮的瓷牙及進步的植牙技術，讓人們終於有了兼具美觀、舒適、安全且耐用的假牙可以使用，造福全世界有牙疾苦惱的患者。

給小朋友的貼心話

還沒換牙的小朋友，牙齒還在成長階段，需要裝假牙的機會比較少；為了保護好牙齒，從小就要養成正確的刷牙好習慣，以後長出來的恆齒才會比較健康呵！

麵團變美食——饅頭

蜀漢建興三年（西元二二五年），諸葛亮採取心戰，收服了蜀國南邊的南蠻洞主孟獲，與西南少數民族建立良好關係之後，準備班師回朝。當大軍行進到瀘水時，天空忽然烏雲密布、狂風大作，掀起滔天巨浪，使得軍隊無法渡河。

「怎麼會這樣呢？」就連精通天文、氣象的諸葛亮，對於這種反常的天氣變化也百思不得其解，便請教前來送行的孟獲。

「因為這幾年不斷打仗，很多士兵戰死在這裡，冤魂經常出來作怪；若想平安渡河，必須祭供。」孟獲說。

「這是應該的。這些士兵為國捐軀，客死異鄉；如今我們班師回朝，他們卻無法回鄉。但是，要用什麼做祭品呢？」諸葛亮問道。

「要用七七四十九顆人頭來祭祀，可確保平安無事。」孟獲說。

諸葛亮聽他這麼一說，心裡一沉，心想：「已經有這麼多人枉死在這裡了，如果還要用人頭祭祀，不是又平添許多冤魂嗎？」

他決定用另一種方式代替人頭祭祀。他命令士兵用麵團包裹肉類做成人頭的形狀並且蒸熟；在江邊虔誠的念了一段祭文後，把四十九個麵團人頭投入江中。果然，頓時雲開霧散、風平浪靜，大軍得以平安渡河。

諸葛亮發明饅頭的故事，記載於宋代高承所寫的《事物紀源》中；從此以後，用麵團人頭祭祀的方式在民間傳了開來。其實，早在春秋時期，中國人就已經會將麵團發酵蒸熟食用，稱為「酏食」，但並不流行。到了漢代，出現片狀或塊狀、沒有發酵的「餅」。至於諸葛亮發明的麵團人頭祭品，最早被稱為「蠻首」，後來才稱為「饅

頭」。許多腦筋動得快的商人，將饅頭變小，內餡則有各種口味，有葷有素，其實比較像現代的「包子」，但當時還是稱為饅頭，並成為一般大眾的日常食品，不是只有祭祀的用途了。

到了元代，有位高僧林淨渡海遠行去日本奈良寺；他隨身攜帶的素饅頭讓日本僧侶大為讚賞。從此，這種麵食也在日本傳了開來。

沒有包餡的饅頭，直到唐宋以後才出現；「包子」的稱呼則出現在北宋，但兩者當時還沒有很清楚的區別。直到清代，包子和饅頭才終於有了分野，北方人稱無餡者為饅頭，有餡者為包子；可是，南方人卻還是稱有餡者為饅頭，無餡者為「大包子」呢！

現在，大家普遍都稱無餡者為饅頭、有餡者為包子；不過，在上海等地的方言中，還是將包子、饅頭統稱為饅頭。不論是包子還是饅頭，由於是從諸葛亮以後才在民間廣為流傳的，所以糕餅業者就將他奉為祖師爺。

給小朋友的貼心話

原本要犧牲人命的儀式，被諸葛亮轉換一下，還是達到了效果。小朋友，當你遇到某些困難，不一定只能一成不變，想想看用不同的方式解決吧！

印刷史上的大突破——活字印刷

大約一千年前的北宋時期，某一天，謝清之將厚厚一疊書稿交給畢昇，語重心長的對他說：「畢昇啊！這是我花了大半輩子心血完成的書稿，幫我把它印出來吧！」

謝清之是畢昇的養父，也是鄉間的教書先生；他教導畢昇寫得一手好字，也因此讓畢昇受到杭州雕板作坊的老闆賞識，聘他為作坊的寫字先生。

雕板是古早的印刷方式：一整面書頁上的字全部反刻在一個板子

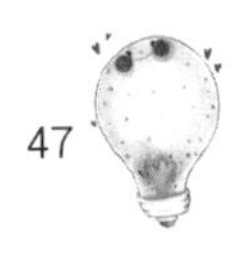

上，塗了墨之後，就可以像蓋印章一樣的印在紙上；它的缺點是每印一本書就要重新刻板，相當費時費力。

畢昇到雕板作坊工作，並向老雕匠拜師學藝，希望自己的技術能夠更精進。同時，他也看到這份工作的辛苦；一輩子都待在雕板作坊的老雕匠，因為長年彎腰刻字及用眼過度，不但背駝了、眼睛也看不見，不得已只得辭去工作。

「難道沒有更好的辦法嗎？」畢昇一直想要改良這種耗時費力的印刷方式。

當他看著養父給他的書稿和一大片雕板上的字，腦子不停的轉，似乎看見一個個字飛了起來；「啊！如果字可以活動，依照稿子重新組合……」

於是，他嘗試用許多小木片分別刻了單獨的字，組合好之後黏在底板上就拿去試印。

「結果會怎樣呢？」他既期待，又怕受傷害。

當試印的成果映入眼簾時；「哎！」畢昇嘆了口氣，「想不到這麼糟！」他頓時像一個飽滿的皮球突然洩了氣，整個人感到很無力。

雖然木活字的印刷效果很令畢昇失望，但他並沒有因此絕望。

畢昇一項一項的檢討，想找出失敗的原因。首先，他發現小木片吸墨之後會變形，影響印刷的品質；還有，用來將木活字黏在底板上的膠，一旦碰到水就拔不開了；如果木活字無法取下再利用，和雕板

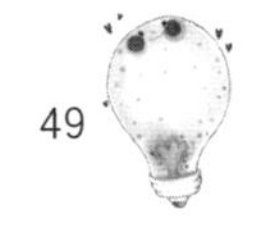

印刷有什麼兩樣？這樣一來，使用獨立的活字也就沒意義了。

「換個材料再試試！」畢昇改在膠泥片上刻字，用火燒過之後就會變硬。排版前，他先在一個有框的鐵板上平塗一層松脂、蠟和紙灰的混合材料，再把字按照文章的順序一個個排列在上面，然後加熱，使蠟稍稍融化；再用一塊平板緊壓字面，將泥字平整的固著在鐵板

上，就可以印刷了。印完之後，再加熱鐵板，蠟便融化，即可取下活字，下次還可使用。

畢昇研發成功後，各地的雕板作坊紛紛改用更方便的活字印刷，大大縮減印刷所費的人力和時間，可以印更多書，讓更多人都有機會閱讀，因此提高了人們的知識水平。活字的材料後來改為更堅固的金屬，發展成凸板鉛字印刷，並一直使用到近代；直到電腦打字發明後，印刷的方式才有了改變。

在畢昇發明活字印刷後的四百年，德國的古騰堡（Johannes Gensfleisch zur Laden zum Gutenberg）也發明字母的活字印刷，並在歐洲很快的普及開來，對於歐洲的文化發展產生極大貢獻。史學家認為，雖然西方的活字印刷比中國的發明來得晚，但並沒有受到中國影響，是獨立的發明，所以古騰堡在人類的文明發展史上也占有重要地位。

不論東方還是西方，現代人很容易就能擁有一本書，讀書識字也不是什麼困難的事，這都要感謝古人千年前的發明。

給小朋友的貼心話

你正在看的這本書，就是從印刷廠印製出來的；但不是用活字版印刷，而是用更進步的電腦製版印刷。

不論你喜歡看紙本書還是電子書，都具有傳遞知識的功能，要懂得珍惜呵！

現代風火輪——輪式溜冰鞋

西元一七六〇年的某一天，比利時籍的樂器製造家梅林（Joseph Merlin），身穿晚禮服和一雙有輪子的溜冰鞋，參加在英國舉辦的一場化妝舞會。當他用滑行的方式進入會場時，引起全場一片譁然。

「他竟然可以在地板上溜冰！」

「你看，他的鞋子底下有輪子耶！」

梅林向在場的人微笑，一面滑行起舞，一面拉著小提琴，出盡了鋒頭。他腳上穿的輪式溜冰鞋是自己發明的，但無法控制速度，也不能操縱方向；當他沉醉在大家的讚美時，「碰」的一聲，他把一面價值昂貴的鏡子撞碎，小提琴破了，自己也摔傷了，真是損失慘重。

這場表演雖然沒有完美的結束，卻開創了輪式溜冰鞋的紀錄。之前的溜冰鞋裝的是冰刀，而不是輪子，只能在結冰的平面上滑行。根據考證，大約在一一〇〇年以後，荷蘭、英國、瑞典、冰島等冬天河面會結冰的國家，人們就已經會使用裝有木質和骨質冰刀的溜冰鞋，在結冰的河面上滑行，當成是一種運動。

在梅林發明輪式溜冰鞋之後，又過了三十年，才有一位法國人設計了不同型式的輪式溜冰鞋。到了一八一八年，德國柏林舉辦一場輪式溜冰芭蕾舞會；那個時候還沒有在舞池裡鋪冰的技術，只能以輪式溜冰來模擬冰上溜冰的情景。這場舞會也讓在場的觀眾大呼過癮。

當時的輪式溜冰鞋，是將輪子在鞋底下的一個木塊上排成一直線，類似現在的直排輪。輪子以木頭、金屬製成，有錢人還會使用象牙製的輪子；不過，當時只能向前滑，無法倒退、轉彎，更不能繞圈圈。

後來，在英國的倫敦，有人改

良輪式溜冰鞋——在五個排成一排的輪子當中，中間的最大，其他的較小；採取這樣的設計，便可以利用身體的重力控制溜冰鞋前進、後退或轉彎，也可隨時停止滑動。在倫敦的一個網球場上，人們曾經用這種改良的輪式溜冰鞋舉辦過一場溜冰表演；演出者的靈活動作，引起許多人對他們腳上的輪式溜冰鞋產生興趣。此後，輪式溜冰鞋不斷

的進行改良，並出現一輪在前、兩輪在後，呈三角形排列、可防止倒退的設計。

一八四九年，一位法國歌劇作家將輪式溜冰運用在歌劇中；由於演出十分成功，這種新奇的運動開始在歐美許多都市流行起來。到一八六三年，前後分別有兩個併排輪子的溜冰鞋問市了。這款設計的鞋底下有一個振動橡皮墊，只要將身體重心傾向想轉往的方向，就可以向那個方向轉；不僅可以輕快的溜冰，也可以單足旋轉、雙足旋轉，以及其他更複雜的花式表演。

由於眾多愛好者的推展，在一八八〇到九〇年代，輪式溜冰運動已經在世界上許多地方相當盛行。這種兼具休閒與健身的運動方式，現在還有很多忠實的粉絲呢！

給小朋友的貼心話

你會玩輪式溜冰或直排輪嗎？溜滑起來還真過癮！但是，要特別注意安全，一定要在比較空曠、平坦的場地，不要冒險做自己沒把握的危險特技，或對著別人直衝過去呵！

書寫的好夥伴——鉛筆

一五六四年的某一天，英國昆布蘭郡刮起一陣狂風，一棵大樹應聲而倒，嚇到一旁的牧羊人。「好險！」他看著倒在腳邊的大樹，心裡想，「差一點就被打到了！」

驚魂未定的牧羊人，在稍微喘口氣之後發現，那棵被連根拔起的大樹，樹根部分有一堆黑色的物質，他好奇的趨近一看。

「這些黑忽忽的是什麼東西？」他伸手去觸摸，手指頭便沾上了黑黑的物質；他靈機一動，拿了一塊在羊身上畫記號。

「很好用呢！」原來，這黑黑的東西是石墨。他便在每隻羊的身上用石墨畫記號，標示這些羊屬於他所有。

原本只在牧羊人之間流傳的石墨，有一天被一位城裡的人看見了；他把石墨切成細條狀，賣給許多店家，讓他們在貨品上做記號。由於石墨畫出來的線條又黑又清晰，還可以在加農砲的金屬外殼上畫記號；所以，石墨礦場就被英國皇室加以管制，一般人不能任意進出。不過，還是有人偷偷將石墨運送出來製成筆拿到市面販售。

雖然世界上許多地方都有石墨，但因為含有雜質，品質不如英國石墨來得好；受到英國封鎖石墨礦的影響，其他國家不得不自己想辦法提高石墨筆的品質。在一七六一年，一位德國化學家將石墨碾碎，

用水沖去雜質，經過一連串實驗後終於發現，將硫磺、銻和樹脂混合在石墨中，加熱凝固後再壓製成細長的條狀筆，硬度剛好適合；在這種筆的外面裹上紙捲，書寫起來更方便了。

此外，在一七八九年，又有一位法國化學家在石墨中摻入黏土進行實驗時發現，加入不同性能的黏土後，製成的石墨塊軟硬程度也不相同；藝術家們拿來當畫筆，相當受到歡迎。

古羅馬人用紙莎草包裹鉛來寫字；十五世紀，義大利製造出第一根鉛錫筆芯，外面還用細繩或羊皮紙包裹。這些「鉛筆」非常硬而且很不好寫，寫起來就像在刻字，都沒有後來的石墨筆好寫；因此，石墨製成的筆才會成為大眾廣泛使用的書寫工具。然而，早期許多人將石墨誤以為是鉛，所以「鉛筆」的稱呼延用到現在都沒有改變。

不過，法貝爾及康特製造的筆，都是細細的一條，很容易折斷。直到一八一二年，一位美國的木匠威廉·門羅（William Monroe）突發奇

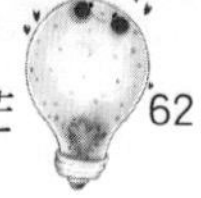

想，用機器切割出兩條中間有凹槽的細木棍，將筆芯放進兩條木棍的凹槽中，再用膠水黏合，世界第一枝現代的鉛筆就誕生了。

在門羅發明現代鉛筆後的一百多年，日本人早川德次在一九一五年發明塑膠筆桿的自動鉛筆。如今有各式各樣的筆，但好寫又好擦的鉛筆始終沒有被淘汰，仍是廣受大家習慣使用的書寫工具之一。

給小朋友的貼心話

好寫好擦的鉛筆，是我們常用的書寫、畫圖工具之一；它雖然沒有什麼危險性，在使用的時候還是要注意安全；因為，若不小心，削尖的筆還是會讓人受傷的。

乘著氣球翱翔天際——熱氣球

「真的可以嗎？不過是個大氣球而已！」

「這怎麼可能辦到？我不相信。」

「如果能飛，那以後要到遠一點的地方，不就方便多了嗎？」

一七八三年九月，法國巴黎的凡爾賽宮前聚集了國王、王后、宮廷大臣及十三萬巴黎市民；他們議論紛紛，有人期待，有人抱著懷疑的態度，也有人是來看笑話的。蒙哥費爾兄弟（Montgolfier brothers）可管不了這麼多，他們正在準備熱氣球的飛行實驗，要讓大家看見他們

的發明。

蒙哥費爾兄弟從事造紙行業。有一次，兄弟倆看到碎紙屑在火爐裡焚化時不斷升起，因而啟發聯想，試著用紙袋聚集熱氣後，就能讓紙袋輕飄飄的上升。實驗成功之後，他們又用糊了紙張的布做了一個大氣球，布的接縫用扣子扣住，然後在氣球的下方點燃稻草和木柴，原本扁塌的氣球慢慢鼓漲起

來；當它充滿了氣，龐大的氣球果然飄升到空中，並飛行了一點五公里。這一天是一七八三年六月五日，全世界首次無人熱氣球飛行的實驗紀錄，就是由這對兄弟創下的。

蒙哥費爾兄弟的實驗還沒完呢！他們希望這個大氣球可以載人，實現人類飛行的夢想。於是，三個月後，他們帶著大氣球來到凡爾賽宮前；不過，這次準備登上熱氣球的不是人，而是一隻公雞、一隻山羊和一隻小鴨子。

「夥伴們，加油了！」他們將動物抱進熱氣球下方的籃子裡，不管圍觀的人說些什麼，他們相信這次的實驗一定會成功。

他們點燃了大氣球下方的爐火，大家屏氣凝神，看著氣球冉冉升空，直到它成為遠方天空中的一個小點。過了一段時間，氣球內的熱空氣慢慢冷卻，氣球便緩緩降落地面，籃子裡的動物們安然無恙。

目睹這精彩的一幕，大家高聲歡呼，蒙哥費爾兄弟更是高興得不得了；因為，這表示用熱氣球載人飛行是有希望的，這對兄弟也因此成了人們心目中的英雄。大約兩個月後，兩個膽大心細的人親自坐上熱氣球飛行，真正實現了人類第一次飛上青天的夢想；此時距離萊特兄弟發明世界第一架實用的飛機，足足早了一百二十年。

後來的熱氣球，下方吊籃裡會有一位駕駛員，他必須對不同高度的大氣流動方向非常瞭解，才能夠操控熱氣球上升或下降到多少高度，利用風向往希望前進的路線移動。比起最初無法操控飛行方向的

熱氣球，這又是人類的一大進步。

熱氣球在當時是很先進的發明，雖然之後各種更進步的飛行器被陸續發明出來，搭飛機到各國旅遊已是很普遍的事，但熱氣球並沒有因此而遭淘汰；在許多歡慶的場合中，各種不同造形的熱氣球仍然是藍天中最受矚目的焦點，繼續載著人們滿足翱翔天際的夢想。

給小朋友的貼心話

近來，臺灣也興起了搭熱氣球的風潮；其實，熱氣球可不只用於觀光呵！試著搜尋資料，看看熱氣球發明之後，曾經做為哪些用途吧！

方便的即時餐點——三明治

「咕……咕……」約翰．蒙泰格（John Montague）伯爵的肚子發出饑腸轆轆的聲音；他正在牌桌上打牌，這聲音讓他覺得有些尷尬。

一七六二年，在英國倫敦一家俱樂部裡，來自「三明治」鎮（Sandwich）的第四代伯爵蒙泰格已經打了一天一夜的牌；雖然肚子很餓，卻捨不得離開牌桌吃東西。站在一旁的侍者湊近他的耳朵輕聲的說：「您一天一夜都沒吃東西了，要不要休息一下，我去替您點餐？」

「不，我現在手氣正好，不要吵我！」伯爵堅持不肯離開牌桌。

「咕……咕……」他的肚子又響了，而且這次響得更大聲，他是真的很餓了。「好吧！你把牛排和乳酪夾在麵包裡給我。」這家俱樂部也是一間牛排館，伯爵想用最方便的吃法。

「您真的要這樣吃嗎？」侍者覺得不可思議；因為，身為貴族的伯爵必須注重禮儀，把食物拿在手上吃是很不合禮儀的行為。

「你去準備就是了，別問那麼多。」伯爵回答。

侍者感到錯愕，卻也無可奈何，只好準備伯爵交代的食物，讓他用一隻手就可以拿著吃，另一隻手繼續打牌。

沒想到，原本只是伯爵圖方便的吃法，之後竟然流傳開來，人們就以伯爵的領地「三明治」來為這種食物命名。

最早的三明治類似潛艇堡，後來才有用吐司夾食材、或切成三角形以便入口的三明治。吐司的發明也是一個很有趣的故事，它的出現與三明治一點關係也沒有。

在十七世紀的航海時代，英國艦隊每次出海都必須攜帶足夠的糧食；於是，便烘烤了許多長條形

的麵包，比較方便堆疊擺放在船艙，吃的時候再切片回烤，抹上奶油或果醬就很可口了。隨著英國人的殖民腳步，吐司麵包也傳到世界各地，逐漸蔚為流行。吐司的英文toast，原意則是「將麵包烤熱」的動作呢！

另外還有一則關於吐司的傳說。一四九一年，一位名叫杰拉爾・德帕迪約（Gerard Depardieu）的法國人，到處宣稱他想發明一臺可以變出黃金的機器；街頭巷尾的人都議論紛紛，甚至還傳到國王的耳朵裡。國王給他兩個禮拜的時間，如果發明不出他說的神奇機器，就要判他死刑。

兩個禮拜很快就過去了，他的發明毫無進展，只好硬著頭皮帶了一臺機器、一包麵粉和乳酪去見國王；在國王及許多大臣的面前，他將麵粉加水揉成麵團，放入機器裡烤成金黃色的長條形麵包。國王看了很生氣，覺得被愚弄了，便命令部下把他帶出去斬首。他趕緊向國王請求再給他一點時間，然後將麵包切片，抹上乳酪請國王品嘗；國王心想，反正不差這一點時間，就先吃吃看再說。沒想到，這一吃可不得了，國王覺得太好吃了，稱讚它比黃金還有價值，就免了他的死刑，還將這種麵包以公主的名字取名為「吐司」。

吐司被應用在三明治上，可說是相當完美的組合，直到數百年後的今天都還很受歡迎，更是許多趕著上課、上班的人最方便營養的早餐呢！

給小朋友的貼心話

三明治是最方便的早餐食物之一，只要在吐司麵包裡夾蛋、起司、果醬、花生醬、生菜等；雖然簡單，卻可以搭配得很營養。小朋友，你會不會自己做早餐呢？三明治是個不錯的開始呵！

保存在罐子裡的美味——罐頭食品

一七九五年，法國大革命期間，法國執政五人內閣宣布一項獎勵：若有人能發明食物保存的方法，讓軍隊士兵方便運輸及食用，就頒給他一萬二千法郎獎金。

這個誘惑可真不小，高額獎金吸引了一位糖果糕點師傅阿佩爾（Appert Nicolas）的注意。他想起之前的一次經驗——一瓶被遺忘在倉庫裡許多天的果汁，竟然沒有腐壞！他檢查這瓶果汁，並沒有發現任何特殊的地方，很有可能是因為瓶口密封得很好，所以才沒有壞掉。

阿佩爾心想，這個意外的發現或許能為他贏得高額獎金。他立刻動手實驗：將食物放進一個玻璃瓶裡，再用軟木塞把瓶口密封起來，然後連瓶子帶食物一起放進熱水裡，把食物煮熟。他用這種方式成功保存了食物，並通過法國海軍的認可，的確為軍隊長途攜帶糧食找到很好的解決辦法，而在一八一〇年獲得這筆獎金；他的玻璃瓶裝食物，被視為世界第一個罐頭食品。之後，他開設了世界第一家罐頭工廠，還寫了一本關於肉類及蔬菜食物保存方法的專書。

阿佩爾用廣口玻璃瓶盛裝各類食物，推出各種牛肉、鳥肉、蛋、乳類等已烹煮過的食物罐頭；他利用「加熱殺菌，並以密封包裝阻隔食物與空氣接觸，可避免發霉腐敗」的原理製造罐頭。不過，熱能殺菌的原理，在阿佩爾製造罐頭的時候其實並不清楚；直到他發明罐頭大約五十年後的一八六三年，才由法國微生物學家巴斯德（Louis Pasteur）研究出來。巴斯德以低於攝氏一百度的低溫長時間處理食物，可以達到殺菌的效果，卻不會破壞食物中的營養素；這種方法在今天仍廣泛應用於食品及藥品的殺菌處理。

在阿佩爾獲得獎金的同一年，法國人彼得．杜倫（Peter Drand）用錫罐（又稱馬口鐵）製作容器盛裝食品，開創「現代罐頭」的製作方法。十年之後，罐頭食品傳到美國，但一直無法普及；因為當時還沒有發明開罐器，得用刀子切開或用石頭砸開，很不方便；因此，除了軍隊以外，一般人是不會選擇罐頭食品的。也正是因為這個原因，

當法國大革命結束之後，阿佩爾的罐頭工廠生意一落千丈，他的晚年在貧窮之中度過；這應該是他在發明罐頭食品的當時料想不到的吧！

那麼，開罐器是在什麼時候發明的？一八五八年，第一個開罐器的專利由美國人以斯拉·華納（Ezra Warner）申請，距罐頭食品的發明整整相差了半個世紀。但是，這種早期的開罐器使用時必須非常謹慎，一不小心就會割破手指，所以通常只有販賣罐頭的商店才有配備開罐器，消費者購買罐頭也會請店家幫忙打開。之後，陸續有各種更方便的開罐器被發明出來，罐頭食品才逐漸普及。

現在的罐頭食品琳瑯滿目，提供許多家庭在不方便煮食的時候也有立即可吃的美味食物；而且，在衛生方面也比以前更講究了。但是，不論罐頭食品多麼好吃，畢竟是加工過的食物；如果可以的話，還是盡量以新鮮食材為優先選擇呵！

給小朋友的貼心話

外出郊遊旅行時，或者是在不便出門的颱風天，還好有罐頭食品方便我們食用。罐頭食品雖然可以保存很久，但仍有保存期限，購買及儲藏時要注意不要過期呵！

戴在手上的小時鐘——手錶

卡地亞（Louis Francois Cartier）是法國有名的珠寶商人。有一天，他和好友杜蒙（Alberto Santos-Dumont）聊天；杜蒙是一位飛行員，再過幾天，他又要準備飛行了。

「唉！真的很不方便。」杜蒙從口袋裡拿出一隻懷錶向卡地亞抱怨，「當我一面飛行的時候，一面還要掏出懷錶看時間，經常手忙腳亂。有什麼方法可以改進嗎？」

「嗯！的確很不方便。」卡地亞沉思了一會兒說，「如果把它綁在手腕上，要看時間的時候舉起手腕就可以看，你覺得這樣是不是比較方便呢？」

「太好了，我一定要當第一個試用者。」杜蒙對這位好友的設計充滿了期待。

這一年是一九〇四年，卡地亞果然信守對朋友的承諾，替他設計一隻用皮帶及扣環綁在手上的懷錶。過了幾年，卡地亞將這種形式的鐘錶上市販售，受到廣大消費者的喜愛，從此以後，手錶便開始普及了。

其實，卡地亞並不是第一個手錶設計者。早在一八〇六年，法國皇帝拿破崙為了討皇后約瑟芬的歡心，就命令工匠設計了一隻裝有小鐘的手鐲；一八六八年，瑞士的一家鐘錶商，製造一隻手錶給匈牙利的伯爵夫人。不過，當時的手錶都屬於貴族所有，並不普遍；而且是屬於婦女的裝飾品，男士們都還是使用懷錶。直到卡地亞將手錶商品化以後，才開始成為人們日常不可缺少的隨身配戴用品。

現在的手錶款式眾多，不僅是用來看時間的工具，還有人當成

身分地位的象徵呢！手錶的演變其實和時鐘的改進過程息息相關；所以，要知道手錶的發展故事，得先從時鐘看起。

在沒有鐘錶的年代，古時候的巴比倫人及中國人，以太陽在日晷上產生的影子長短及方位變化來判斷時間；然而，在沒有陽光的陰天及夜晚，就沒有辦法知道時間了。所以，在大約距今四千年前，出現一種稱為「漏壺」的計時工具，以容納水量的多少，來顯示時刻。而真正鐘錶的出現，則是在十三世紀中葉以後的事了。

大約在一二七〇年左右，義大利北部和德國南部出現早期的機械時鐘，以擺動的秤鍾為動力，可帶動時鐘運轉，每一個小時還會自動鳴響報時。第一座公共時鐘在一三三六年安裝於義大利米蘭的一座教堂內；在後來的半個世紀裡，歐洲各國的教堂也都建起鐘塔了。

不久之後，發條的技術發明出來，時鐘的體積因此縮小許多。一五一〇年，一位德國鎖匠製造出第一隻懷錶。經過一段很長的時間，石英鐘在一九三〇年代問市。它的原理是利用石英晶體受到電池電力影響時，會產生每秒高達三二七六八次的規律振動；製造者設計簡易的電路計算它振動的次數，當振動到三二七六八次時，電路就會傳出訊息，讓秒針往前走一秒。一九六九年，第一隻石英錶在日本誕生。一九七二年，美國發明了數位顯示手錶，不再需要馬達和齒輪了。

雖然手錶製造業技術不斷的進步，但機械錶至今仍然擁有很多忠實粉絲，沒有被取代呵！

給小朋友的貼心話

你有過等人的經驗嗎？明明約好了時間，卻一直不見對方到來。雖然現在大多數人都有手機，遲到了趕緊打個電話就好，卻還是會讓等的人很困擾。

手上戴著錶，隨時可以知道時間，更應提醒自己當個守時的人呵！

驅動電器的心臟——電動機

在現代人的家庭裡，都少不了要使用各種電器用品；驅動電器用品運轉的「心臟」，是一個稱為電動機或馬達的構造。在電動機還未發明前，縱然已經有科學家發現電及電流，卻沒有辦法利用電產生力；直到一八二一年九月三日晚上，英國的法拉第（Michael Faraday）創造了歷史。

「應該會動吧……應該會動吧……」法拉第雙眼盯著盛了水銀的玻璃杯，一面喃喃自語。

這是一個測試電流與磁鐵相互作用的實驗。在法拉第進行相關的研究以前，已經有好幾位科學家從事電學方面的探索，但其中還是有很多未能解開的謎團，促使法拉第一心想要找出答案。

法拉第沒有傲人的學歷；他出身鐵匠之家，小學畢業後就到書店學習訂書，成為一名訂書匠。不過，他把握在書店工作的機會，只要有時間就大量閱讀，他的電學、化學基礎就是這樣自修來的。後來，他有機會成為科學家戴維（Humphry Davy）的僕人兼助手，更加積極學習。

某一天，法拉第將一支磁力很強的磁鐵豎立在玻璃瓶裡，下方以蠟黏住固定，再倒入水銀，使磁鐵的一端高於水銀面。然後，他在一

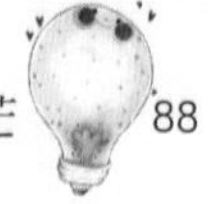

個伏特電極的兩端分別接上兩支銅線，其中一支銅線的一端夾在軟木塞上，另一支銅線則拿在手中，並把軟木塞放在水銀面上。裝置完畢後就要開始實驗了。

法拉第準備將手上的銅線一端放入水銀，形成一個通電的迴路；如果實驗沒問題，軟木塞應該會繞著磁鐵轉。他的心裡既期待又緊張，連在一旁觀看的大舅子也跟著

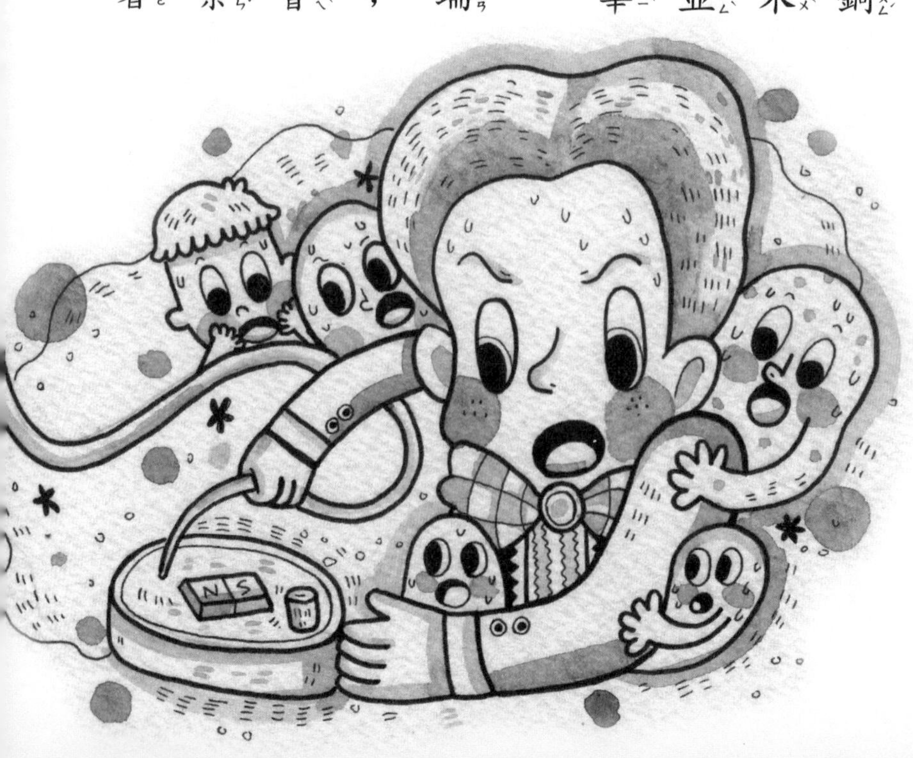

聚精會神的看著。

「動了！動了！」法拉第和他的大舅子高聲歡呼；果然不出所料，他才把銅線放入水銀，軟木塞就以磁鐵為中心繞著轉。正在廚房忙碌的妻子也跑出來看，激動的握著法拉第的手；她知道這是丈夫花了許多心血完成的實驗，而且實驗的成功對於人類未來的科學發展將有多麼重要。

第二天，法拉第改變實驗裝置，將通電的導線固定在中心，磁鐵則是活動的；當通上電流之後，磁鐵便繞著導線轉。法拉第的實驗，就是日後製造馬達的原理。

但是，他對外公布研究結果後，卻遭到許多人毀謗；有人批評他只有小學畢業，不過是運氣好而已；還有人說他是抄襲別人的研究。不管外界如何打壓，法拉第都沒有退卻，反而更加努力，在一八三一年製造出世界第一臺發電機，從此推動人類世界走向電氣化。他也因為這些學術成果，被推舉為英國皇家學會會員，可以更專心的投身於科學研究。

尤其令人稱道的是，法拉第不但拒絕了高薪挖角，也婉拒擔任英國皇家學會會長職位；他唯一的希望，就是在有生之年用科學研究來造福社會。「最偉大的人就是不知道自己有多偉大」，法拉第就是一個鮮明的例子。

給小朋友的貼心話

和動物一樣，如果沒有「心臟」——電動機，很多機器都動不了。想想看，家裡有哪些機器需要電動機才能運作？

電扇、冷氣機、電腦、吹風機、冰箱、洗衣機等，都有一顆能讓它們運轉的心臟；這些家電平日都要正常的使用及保養，才能維持比較好的狀態，這也是惜福愛物的態度呵！

機器取代手工針線活——縫紉機

一八二九年，法國裁縫蒂莫尼埃（Barthelemy Thimonnier）在巴黎的縫紉機工廠開工了；只是，原本應該充滿歡樂的場面，卻被一大群怒氣沖沖的裁縫破壞了。

「叫蒂莫尼埃出來！」大家憤怒的喊著。

「怎麼回事？」蒂莫尼埃從工廠大門走了出來，不安的問道。

「你製造這些機器是什麼意思？分明是要讓我們失業！」

「不是這樣的……」不等蒂莫尼埃把話說完，群眾一擁而上的衝

進工廠，只要看見縫紉機就破壞。

「住手啊！請住手！」蒂莫尼埃嚇得臉色發白，趕緊制止憤怒的群眾。一陣混亂之後，群眾終於散去；他數了一下，共有八十多臺縫紉機被砸毀，損失相當慘重。

他看著滿目瘡痍的工廠，知道在巴黎待不下去了，幾天之後便搬到普勒比（Pleubian）；可是，他在這裡的狀況也不好，同樣也有一群害怕失業的裁縫找上門來理論，阻撓他製造生產縫紉機。他受到的挫折還不止這些。

一八五一年，他將縫紉機送到英國倫敦博覽會；當產品抵達倫敦時，評審工作已經結束。直等到六年後的巴黎萬國博覽會，他的產品才有機會亮相；但是，他的產品也沒有因此得到青睞。最後，他在貧病交迫中離開了人世。

在蒂莫尼埃開發縫紉機的同時，美國紐約也有人在一八三四年設計出一種雙線梭式縫紉機。後來，在波士頓市內一家機械工廠服務部當店員的霍威（Elias Howe），成為將縫紉機發揚光大的人物。他的成功契機來自於一位教授對他說：「現在市面上最急需的是縫製衣服的機器；如果能製造出這種機器，一定能發大財。」

霍威一直把這句話記在心裡。不過，要研發一臺機器談何容易啊！過了幾年，他有一天經過一家織布作坊時，看見織布機在運作的過程中梭子飛穿緯線的情形，聯想到可以將有孔的尖針和梭子結合起

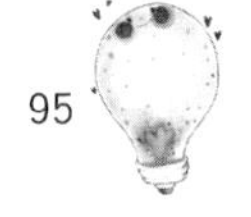

來。於是，他回到家之後立刻開始進行研發，終於在一八四五年發明出一臺每分鐘可以縫三百針的新式縫紉機。

然而，他的遭遇就和蒂莫尼埃一樣，這臺新式的縫紉機並沒有受到美國人重視，反倒是被英國成衣廠認可。他透過弟弟的介紹，以很低的價格將縫紉機及製造權賣給一家英國的成衣廠；這家工廠的老闆

還請霍威來上班，要他將縫紉機的製造技術傳授給廠裡的員工。但工廠老闆居心不良，學會了技術、賺了一筆大錢之後，就把他辭退了。

這位倒霉的發明家，在倫敦的貧民窟過著窮困潦倒的生活；後來，他在一艘開往美國的輪船上當廚房幫工，才終於回到故鄉。不過，悲劇並未終結；他回國後不久，妻子便不幸去世。悲傷沒有擊垮他繼續奮鬥的勇氣；在一八五〇年以前，他一共研製出十幾種縫紉機，還在紐約開了一家工廠。

這次，他總算嘗到成功的果實，縫紉機在許多國家被廣泛應用。直到二十世紀後，除了手動、腳踏的縫紉機，還有後來更方便的電動縫紉機，以及陸續發展出來的拷邊機、鎖鈕孔機、釘鈕扣機等專用縫

紉機，使成衣製造業的分工更為細緻，提高了服裝製造的效率和品質。

給小朋友的貼心話

機器可以取代人工做很多事情——縫紉機可以用很快的速度將裁好的布縫製成衣服就是一個例子。

然而，縫紉機雖然帶來了很大的便利，但衣服的款式還是需要人的設計，這一點機器永遠無法取代。所以，創意是人類無法被取代的重要資產呵！

家裡的小極地——冰箱

「咚咚咚！」一八三四年冬天的某個晚上，在英格蘭北部的一個小鎮裡，正對著爐火看書的柏金斯（Jacob Perkins）被一陣急促的敲門聲驚擾：「什麼事情啊？敲得這麼急？」他放下手上的書本，披上外套，起身開門。

「柏金斯先生，您看，這是什麼？」幾位身穿藍色工作服的人擠進門來，帶頭的一位手捧著幾個冰塊，興奮的喊著：「成功了、成功了！這是我們製造出來的冰塊！」

「我看看！」柏金斯從對方手上拿起一個正在滴水的冰塊，「果然是冰塊，太好了！」自從柏金斯發現液體在氣化過程中會吸收熱量，同時也具有冷凝的效果，就一直思索著是否可以利用這個原理造出製冷機；不過，他已經七十幾歲了，年事已高，很多事情無法親力親為。於是，他請了幾位工作人員根據他的構想進行實驗。現在實驗成功，柏金斯太高興了；他打開一瓶香檳和大家舉杯慶祝，並發給每一位工作人員薪水，讓他們早點回家休息。

時間已是晚上十二點了，他想提筆把製冷機的原理寫下來；但是，畢竟年紀大了，又加上興奮過度，他感到十分疲憊。只好先暫時放下手上的紙筆，等第二天早上起個大早再寫。

柏金斯的製冷機就是電冰箱的前身。在以前，食物的存放及保鮮一直困擾著人們，吃不完的食物必須醃漬或風乾，或者存放在冰塊裡以避免腐壞。可是，自然界的冰塊不是隨時隨地都能取得；就算有冰塊，也要想辦法讓它不會很快的融化才行。

柏金斯的製冷機的確是一項造福人類的發明；他將製冷機的報告

交給了英國政府，獲得第一臺製冷機的發明專利。之後，電冰箱的研究和發展不斷大步前進。一八六二年，一位蘇格蘭人依據柏金斯的發明原理，在澳大利亞製成了第一批冰箱，並且成功上市。不過，當時的冰箱大都用在輪船上，可確保漁獲在上岸之前保持新鮮，並可載運冷凍的羊肉從澳洲經過長途航行出口到歐洲。

一八七九年，一位德國工程師製造出家用冰箱。至於我們現在一般家庭用的雙溫電冰箱，也就是一部分可以冷凍、一部分冷藏的冰箱，最早在一九三九年由美國通用電器公司研發生產。雙溫電冰箱推出之後，受到廣大消費者青睞，冰箱很快的成為每個家庭必備的電器用品，輕鬆保存食物不再是一件難事了。

給小朋友的貼心話

冰箱是現代家家戶戶必備的家電，也是全年無休、隨時都要插著電的電器用品。想想看，開冰箱拿食物時，如果讓冰箱門開得太久，是不是會很耗電，而且會降低冰箱的壽命？

讓你口氣清新——口香糖

「這是人心果樹的樹膠，」墨西哥的桑塔．安納（Antonio de Padua María Severino López de Santa Anna y Pérez de Lebrón）將軍從袋子裡拿出一團黏黏的東西，「你看，它的彈性很好，拿來替代橡膠沒問題吧？」

他在一八三六年一場戰役中遭美軍俘虜；被釋放回國後，沒過多久，他又來到美國，並把人心果樹的樹膠帶到紐約，想靠它發大財。

「這個東西挺有意思的，在墨西哥是做什麼用途啊？」美國商人亞當斯（Thomas Adams）好奇的問道。

「人心果樹生在中美、南美和亞馬遜河流域的叢林中，要長到七十年才能割膠，一棵樹每隔五年割一次。墨西哥的印第安人會把它放在嘴巴裡嚼。」桑塔．安納將軍說完，直接捏了一小團放進嘴裡，「你也試試吧！」他把樹膠遞到亞當斯面前，讓他也捏了一團咀嚼。

說，「可是，美國人能接受這種東西嗎？」

「所以說，先拿它來當橡膠的替代品，沒有要讓大家放進嘴裡。」

亞當斯沉思了一會兒，「我想一想，過幾天再告訴你。」

桑塔．安納將軍不等亞當斯的回覆，馬上又去找其他商人投資。可是，他的發財夢最後還是破碎了，欠下了一屁股債，只好逃到債主找不到的地方。

雖然亞當斯和桑塔．安納將軍並沒有合作，可是他對這種樹膠的印象十分深刻。有一天，他想辦法買到人心果樹的樹膠，和幾個兒子一起將樹膠加熱、溶水、攪拌、揉捏，做成一個個小圓球狀的口嚼物，拿到藥房去賣，沒想到生意還不錯。人們稱這種口嚼物為「亞當斯的紐約口香糖」。

喜歡這種新產品的大都是青少年，許多老師和家長則是反對年輕人咀嚼口香糖，認為是一種惡習。為了塑造良好的形象，亞當斯將黃樟油、甘草等原料加進口香糖裡，使它的口味更香甜，在包裝上也重新做了設計；一推出後果然大受歡迎，許多廠商也紛紛加入製作口香糖的行列，口味也就更多樣化了。像大家最喜歡的薄荷口味，是在一八八〇年生產出來的；這種清涼的口感，一百多年來歷久不衰，直到今天仍然廣受歡迎。

五、六千年前的古埃及和古印度人，就會咀嚼蜂蜜和樹膠的混合物讓口氣芳香；但是，口香糖風靡全世界，卻是從美國開始。自從亞當斯的口香糖問市後，許多人因生產口香糖而成為富翁；二次大戰期間，口香糖甚至成為軍隊的必需品，士兵靠嚼食口香糖解除壓力，還可以在緊急時修補輪胎、油罐等零件。當時也因戰爭的關係造成樹膠來源短缺；為了解決這個問題，人們開始用人工的合成樹脂生產口香糖；這種原料對人體無害，即使吞下肚也不會有影響。今天市面上的口香糖，大都是以聚乙烯醋酸酯這種合成樹脂為基本原料製作的。

雖然口香糖擁有許多愛好者，但它也造成了髒亂。有些人會將嚼到沒味道的口香糖隨手亂黏或亂丟，讓清潔打掃的人很難清除乾淨；

而且，也沒有人願意被別人吐出來的口香糖黏到鞋底或衣物。所以，新加坡政府禁止人民嚼口香糖，連販賣都不可以，就是希望保持乾淨整潔的環境。喜歡嚼口香糖的人，一定要記得用紙包好再扔呵！

嚼無糖口香糖能讓口氣清新、也能清除齒間的食物殘渣，但含糖的口香糖則容易造成齲齒呵！如果你喜歡嚼口香糖，記得不要在正式的場合嚼食，因為這是不禮貌的行為，嚼完後也不可以隨便亂扔唷！

優游的代步工具——腳踏車

一八三九年，蘇格蘭的一位鐵匠麥克米倫（K. Macmillan），騎著他研究了四年的腳踏車，準備到六十英里外的格拉斯哥實驗。他的舉動引起一陣騷動，因為他騎的是有踏板的腳踏車。在他之前，腳踏車都沒有踏板，必須將雙腳放在地上蹬才能前進，就像現在的人玩滑板一樣。

麥克米倫以時速八英里的速度前進，吸引大批人圍觀。在推擠當中，一個小女孩被擠到路中央；「啊……啊……」麥克米倫來不及煞車，撞倒了小女孩。「對不起，妳有沒有受傷？」他趕緊下車攙扶小女孩，關心的詢問。

小女孩站起來走了幾步；還好腳踏車的車速慢，她並沒有受傷，只是受到了驚嚇。

警察立刻走過來說：「你騎這個車太危險了！」然後開了一張罰單給他。

不過，這確實是一項令人感到新奇的發明；所以世人所公認的腳踏車發明者就是麥克米倫。另外還有一則傳說：他的這項發明令法官十分心動，甚至自掏腰包幫他繳了這筆罰款呢！

人類發明輪子的年代很早；早在史前時期，人們就發現圓形的物體比較容易滾動，將重物放在圓木上推著走，可以省不少力氣。直到大約五千年前的古埃及，為了建造巨大的金字塔，古埃及人將許多重達兩噸半到三十噸不等的大石塊，疊放在下方有許多圓木的木板上，就能用人力拖著走上很遠的路到工地。

其實，圓木可以算是最原始的輪子；有了輪子以後，才漸漸有了用牛、馬匹或騾子拉動的車子。不過，很長一段時間，都沒有人想到將輪子組合起來、讓人坐在上面並以人力操控的兩輪車。直到一四九三年，義大利的發明天才達文西才有這個想法，並畫出設計圖；可是，都只在概念階段，沒有做出真正的實品。

到了一七九〇年，法國人西夫拉克（Syvrac）在一架木製動物的腳下裝了兩個車輪，但沒有把手，也沒有踏板，必須將雙腳踏在地上蹬著跑；如果要轉彎，也只能下來用手扶著。雖然不是很方便，不過在當時已經引起很多人注意。

一八一七年，德國一位看守森林的人德萊斯（Karl Drais），因為工作的關係，經常要從一個林子到另一個林子；他時常想，如果能有一輛方便的代步工具就好了。他把想法化為行動，真的製造出一輛有著兩個木輪、上面有坐墊、還有把手可以控制方向的車子。這種車子雖然還是得用雙腳蹬，但在當時來說已是非常方便且受歡迎的交通工具，法國政府後來還配備給郵差代步呢！

自從麥克米倫發明了將踏板裝在車子的前輪上，從此以後，經過不斷的改良，各式各樣的腳踏車紛紛出爐，包括一種前輪大、後輪小的車子。在一八九〇年左右，英國生產第一輛有鏈條帶動車輪的腳踏車，之後又有人發明充氣橡膠輪胎、煞車及變速齒輪。

我們現在有這麼方便好用的腳踏車，都要感謝前人的發明和研究啊！

給小朋友的貼心話

小朋友，騎腳踏車是一種很好的休閒活動，同時可以鍛鍊身體，而且不會汙染環境，被視為最佳的綠色代步工具。一起加入腳踏車一族的行列吧！

小工具，大作用——注射針筒

蘇格蘭的亞歷山大（Alexander Wood）正在注射器的針管上畫刻度；他一面畫，一面想起了幾年前去世的妻子，難免又是一陣感嘆。

他的妻子患有睡眠障礙的毛病；為了改善這種狀況，妻子自行用注射針筒施打嗎啡，卻因劑量過重而去世。亞歷山大非常難過；因為，注射針筒是另一位名叫普拉瓦斯（Charles Gabriel Pravaz）的法國醫學家和他所共同研發出來的。他替好幾位患有睡眠障礙的病人打嗎啡，都沒有出現很大的問題；沒想到，悲劇竟然發生在自己的妻子身上。

亞歷山大和普拉瓦斯，在一八五三年嘗試將針筒和針頭組合起來使用，成為現代注射針筒的鼻祖。當時的針筒以白銀製成，容量只有一毫升，並有一根帶有螺紋的活塞棒。由於亞歷山大的妻子發生不幸，他因此想了很多種方法避免悲劇再發生；他換上更細的針頭，並在針管上畫刻度，以便於控制劑量。

亞歷山大的改良很快引起醫學界的注意，得到廣泛應用，許多以前無法治療的疾病，都可以因此獲得改善。不過，注射針筒的發明，不能只歸功於某一個人。早在十五世紀，就有人提出注射器的原理；然而，直到十七世紀中，才真正進行第一次人體實驗。十八世紀，法國國王路易十六的軍隊醫生製出一種活塞式的注射器，針筒及針頭也是由不同的人分別發明出來的，亞歷山大和普拉瓦斯則是後來成功結合兩者的重要人物。

注射針筒的出現，是人類醫學跨入現代化的關鍵之一；在這之前，人類為了要把藥劑注入病患的身體，想盡了各種方法。例如，在中國，根據漢代醫學家張仲景在《傷寒論》上的記載，最早出現類似注射器的醫療方式，是將豬的膽汁和醋混合，再拿一

根空心的小竹管，將汁液從肛門灌進腸中，用來治療腸胃方面的疾病。

更令人難以想像的是，在十七世紀六〇年代，德國有少數醫生利用動物的膀胱製成注射工具，並連接一截中空的樹枝插入人體，嘗試輸血。在十九世紀初期，醫生還嘗試用木鉤子或柳葉刀等各種器具沾取藥物，再刺穿病人的皮膚，將藥物送進體內。這些方法雖然曾經醫治好病人的疾病，但有更多人因為感染更嚴重的疾病而喪生。

這些在現代看來不可思議的治療方式，都在注射針筒成為普遍的醫療器具後消失了，注射針筒的材質也從金屬發展為透明玻璃。然而，初期還沒有用過即拋、以避免感染的概念，而是用熱水煮沸消毒，甚至連針頭都是磨尖再消毒使用。現在的針筒則是以塑膠製成，

用一次就扔，大大降低了注射時的感染危險。

很多人都怕打針，原因不外乎是怕痛。不過，現在醫學界正在研發一種「微針頭」，針頭細到像人類的毛髮般；用這種微針頭注射可以減輕疼痛，甚至連一點感覺也沒有呵！

給小朋友的貼心話

你一定也不喜歡打針吧！可是，打針是很常見的醫療方式，每個人從小到大都難免要打好幾次針。其實，打針就像被蚊子叮咬一下的感覺；打完針之後，只要配合護理人員的建議，用酒精棉花按壓或輕揉，不舒服的感覺很快就消失了。

在家也能跑步——跑步機

「不能再讓牠們一直工作了！」

一八六六年，美國紐約州的一個農村裡，一名農夫讓驢子在一個有階梯的裝置上面上上下下；因為，他要利用動物的體重，讓裝置產生打穀或汲水的動力。對於旁人的提醒，他感到十分錯愕；他長久以來都是用這種裝置在田裡工作，從來沒有人告訴他這是不對的。

原來，紐約州在這一年通過了禁止虐待動物的法令，反對虐待動物組織指責以牲畜拉磨的農作方式是虐待動物；而且，為了要讓牲畜不斷繞著石磨轉圈圈，經常得用鞭子抽打，或矇住牠們的眼睛；還有，那些爬樓梯式的傳動裝置會傷害動物的膝蓋，也應該立刻停止。

可是，農田裡的工作還是得做；於是，有人發明一種跑步機，讓動物在平行於地面的傳送帶上走路，像散步一樣輕鬆，就能產生工作的動力。這種原本用在農作的設備，就是現代運動用跑步機的前

身；但是，確切的發明年代及發明者已經無法考證。在紐約附近的農村，至今還保留著兩臺在一八七五年製造的跑步機；一臺用來攪拌黃油，通常由狗來提供動力；另一臺用來鋸木頭，以馬來提供動力。

關於跑步機的發明還有另外一個記載。一八一七年，英國的土木工程師威廉爵士（Sir William Cubitt）設計製造了一臺跑步機，它是一個大型、橫放的圓筒，人在上面跑步可以帶動圓筒轉動；然而，這臺機器不是用來運動的，而是讓罪犯跑步勞動的發明。

不論是農耕用途還是罪犯的勞動裝置，隨著後來都市人在室內運動的需要，跑步機被重新設計改良，終於有了今天的型式；而且，現在的跑步機還有多種設計。例如，專為復健者設計的水中跑步機和無重力跑步機，可以減輕下肢關節的負擔；還有為了軍事訓練設計的多方向跑步機，士兵在訓練時會戴上視訊眼鏡，透過電腦傳送的戰爭模擬情境，可以隨機應變，朝不同的方向閃躲及快跑。

未來的跑步機還會出現哪些功能？你也可以動腦想一想呵！

給小朋友的貼心話

你喜歡運動嗎？運動可以強化肌肉、促進新陳代謝，小朋友在成長發育的階段，更有必要做適當的運動。最簡單的運動就是跑步和健走了；有了跑步機，在家也可以做嘍！

吃汽油就會行動的「怪物」——汽車

在德國的曼海姆城（Mannheim），貝爾塔（Bertha）趁著丈夫卡爾·賓士（Karl Friedrich Benz）還在熟睡時，輕聲叫醒了兩個孩子；他們悄悄的走進實驗室，把一輛裝有汽油發動機的三輪車推了出來。

「真的可以嗎？」孩子們既興奮又緊張。

「你們的爸爸不敢開上路，就由我來駕駛吧！」貝爾塔將兩個孩子抱上車子的座椅，她自己則坐在中間。

「準備好了嗎？我們要出發嘍！」貝爾塔發動引擎，她要駕駛這輛車到一百多公里外的娘家。

她上路後不久，東方的天空漸漸亮了，許多早起的人聽見機器聲響，紛紛好奇的從窗戶向外看，還有人跑出來靠近這輛慢慢前進的三輪車；不過，一聞到汽油味又趕緊跑開。

貝爾塔駕駛了好久，車子才前進十幾公里，而且還在半路上突然停住才發現油箱的汽油用完了。當時沒有加油站，也沒有大桶汽油可以買。於是，三個人推著車子，費了好大一番功夫，終於找到一家有賣小瓶裝汽油的藥房；貝爾塔買了幾十瓶汽油倒入油箱，再繼續上路。

可是，才走了一會兒，又發現煞車失靈了；他們再下來檢查，這次是皮革做的制動器磨損了，不得不在附近找皮匠修理；直到接近中午，終於把制動器修好。之後車子再也沒有出現什麼大問題，一路上走走停停，到達目的地時已經是傍晚了。

他們的舉動不僅在娘家親友間引起騷動，也震驚了所有圍觀的人。「我們辦到了！」兩個孩子興奮的大聲歡呼。貝爾塔趕緊發電報給丈夫：「你發明的汽車已經通過考驗，快申請參加慕尼黑博覽會吧！」

卡爾．賓士收到電報時，兩手不停的顫動。在這之前，他一直擔心車子開上路會出現問題，成為大家的笑柄；沒想到，妻子代替他勇敢跨出這一步，而且獲致成功。這一年是一八八八年八月；從此，世界第一輛汽車獲得世人的認可。

其實，卡爾．賓士發明汽車不是偶然，而是經過許多努力。長久以來，他一直熱中於發動機

的研究，甚至開了一家工廠，專門生產發動機；不過，當時各種電動機械的發明還不是很成熟，所以他的發動機派不上用場，經營得不是很好。後來，他接受一位友人和銀行的資金投入；可是，短短一個月後，他便因彼此的經營理念不同而退出工廠，賠上了所有的機械。

自此之後，卡爾・賓士努力研究以發動機帶動車子的可能，妻子更變賣了嫁妝和首飾支持他的研究；經過無數次的失敗，終於在一八八五年實驗成功。然而，當時受到保守的宗教界誤解，認為他發明了一種怪物，他因此一直把汽車放在實驗室裡，不敢公諸於世。如果不是妻子悄悄的開上路，他的汽車可能還會放在實驗室裡好一陣子。

現在的一般自用汽車，時速可以到一、兩百公里，早已不是當年卡爾．賓士那部每小時只能跑十八公里的三輪汽車所能比擬。他的成功不僅為自己帶來巨大財富，更影響了世界，引領人類交通的工具產生重要的變革。

給小朋友的貼心話

汽車已成為現代人普遍利用的交通工具，它可以帶我們去很多想去的地方，方便又快速。

然而，當我們在享受汽車的便利時，要記得繫好安全帶，保護自身安全；最好也能多利用大眾運輸系統，節能減碳呵！

營養滿點的早餐——早餐玉米片

約翰・哈維・家樂（John Harvey Kellogg）博士在美國的密西根州巴特爾克里克（Battle Creek）擔任療養院院長，他經常勸病人要吃得健康才能減少生病的機會。

「最好戒掉咖啡、酒精飲品、香菸和肉類食物。」他向病患說道。

「這些都是我愛吃的食物呢！」病患皺起了眉頭。

「吃猴子吃的食物；吃得簡單，吃得適量。」這是家樂博士最常說的一句話。他也和太太、以及弟弟維爾・凱斯・家樂（Will Keith Kellogg）經常研發健康的穀類食品。

有一天晚上，兄弟倆將小麥粉和玉米粉和成麵團放進爐子裡烤，臨時有事離開廚房；等第二天他們回到廚房，麵團已經乾掉了。他們把乾麵團拿出來用擀麵棍壓平，結果壓成許多碎片。

「唉呀！這還能吃嗎？」他們有點懊惱，就隨手拿起碎片放進嘴裡品嘗，發現味道竟然還不錯，泡在牛奶裡滋味更好。

「這拿來當早餐不錯！方便又營養。早餐除了吃麵包，又多了一種選擇。」家樂博士說道。

「我們多生產一些這樣的玉米片，推廣到市面上試試看！」弟弟維爾．家樂在商業部門工作，他的腦筋動得很快。

於是，他們開始大量生產，受到廣大消費者的青睞，成為美國人最喜愛的早餐食品；後來也傳到加拿大、歐洲和澳洲，就連主要以米、麵食為早餐的亞洲國家，也都有許多愛好者。

有趣的是，原本為了健康而生產的早餐玉米片，後來出現添加

糖、蜂蜜、巧克力或水果乾等各種調味。而且，不只泡在牛奶裡當早餐，也有人撒在布丁、優格或冰淇淋上當零食吃，讓許多小朋友也愛上了玉米片。

給小朋友的貼心話

你平日有吃早餐嗎？一日之計在於晨，早餐提供白天活動的營養來源；可是，許多人趕著上班、上課，經常忽略了早餐，或者隨便吃點東西就算了，這是不好的習慣。我們寧可早起十分鐘，好好吃頓早餐，即使只是簡單的牛奶泡玉米片也能提供營養與動力呢！

會動的畫片——電影

一八九五年十二月二十八日，才剛過完耶誕節不久，法國巴黎卡普辛大道（Boulerard des Capncines）十四號大咖啡館的地下室，有一場名為「活動影戲」的節目正要開始。

儘管當時大家的手頭拮据，但因為好奇心驅使，還是有三十五個人掏出一法郎買票入場，想看看盧米埃兄弟（Louis Lumière、Auhust Lumière）到底在玩什麼把戲。

地下室裡一片漆黑。等觀眾都坐定位後，盧米埃兄弟操作一臺機器，將一束光打在觀眾前方的布幕上，投射出一個方形的亮光區域；過了一會兒，出現火車月臺的畫面，月臺上的人竟然會動！

「太不可思議了！」大家被眼前的動態畫面震驚。但是，更令人驚訝的還在後面；當一列火車向著觀眾駛進月臺時，大家紛紛低頭閃躲，還有人發出驚呼，因為實在太逼真了！

這部名為《火車進站》的影片，只有短短不到一分鐘，卻轟動了法國甚至整個世界。雖然，後來根據一些歷史的研究，發現盧米埃兄弟在同一年的三月二十二日就已經放映一場《工廠下班》，記錄人們從工廠走出來的情景，但《火車進站》仍是當時名氣最大的影片。

其實，這場在咖啡館地下室舉辦的公開放映會前夕，盧米埃兄弟還一直認為這是沒有前途的發明；他們心想，影片內容都是日常生活能看到的東西，對大家來講應該沒有什麼吸引力吧！出乎意料之外的，觀眾的反應竟然這麼熱烈，讓盧米埃兄弟的心血得到鼓舞。

在盧米埃兄弟之前，美國的發明大王愛迪生也發明了一種能讓靜止影像動起來的裝置，在一百多年前傳入中國時被稱為「西洋鏡」，當時是很新奇的玩意。它的外形像一個鼓，中間是空心的，內壁一圈貼著一連串連續動作的分格畫面；當它旋轉時，透過鼓身上的窺看孔，就可以看到會動的影像。所以，有些人認為愛迪生才是電影的發明人呢！

然而，不管是愛迪生還是盧米埃兄弟，他們的發明都是利用「視覺暫留」的原理——人眼所看到的影像，會在大腦中停留約十六分之一秒；因此，只要在一秒之內快速跑過十六張以上的連續畫面，就能騙過眼睛，以為影像在動。

愛迪生的發明一次只能讓一個人看；盧米埃兄弟則是發明出可以攝影及放映的機器，並以投影的方式放大影像，讓更多人可以同時欣賞。後來的電影朝向大銀幕發展，可以說是從盧米埃兄弟的構想延續下來的。

不過，只有單純記錄生活中的影像，大家看多了一定會覺得乏味，於是有人開始加入劇情及音樂，將電影發展成一種藝術。直到一百多年後的今天，儘管影像的記錄及放映方式已經進步到家庭化，許多人還是喜歡坐在電影院裡，和大家一起觀看大銀幕的影像，感受大銀幕帶來的視覺效果。

給小朋友的貼心話

看電影的感覺和看電視完全不一樣，大銀幕的視覺效果很讓人震撼的！但是，那麼多人坐在電影院裡一起看電影，應該遵守基本禮貌，不能像在自己家裡一樣任意講話、發出很大的聲音、突然站起來……你也不喜歡在看電影的時候被干擾吧！

不會傷人的玻璃——安全玻璃

「糟了！」一九〇三年的某一天，法國化學家別奈迪克（Edward Benedictus）在整理實驗室的時候，不小心碰倒一個玻璃燒杯；他想伸手去抓，卻抓了個空，玻璃燒杯噹啷一聲摔到地上。

奇怪的是，玻璃燒杯雖布滿了裂痕，卻沒有碎開，瓶身依然完好。他拿起玻璃燒杯，上面貼著標示藥劑的標籤；「硝酸纖維素溶液……這裡面一定有什麼玄機。」別奈迪克在玻璃燒杯上貼一張小紙條，上面寫著：「注意！一九〇三年十一月，這個玻璃燒杯從三公尺多高的地方摔到水泥地上沒碎，拾起來就是這個樣子。」然後把燒杯放入櫃中，就去忙其他事了。

這一擺就是兩年。有一天，別奈迪克忙完了一個實驗，趁著空檔坐下來看報紙，上面有一則交通事故的新聞引起他的注意；上面寫著，由於車窗被撞碎，四散的碎玻璃將司機和乘客都劃傷了。

「啊！那天的玻璃燒杯為什麼摔不碎呢？如果車子的擋風玻璃受到撞擊不會碎，這些人也就不會受傷了。」他把櫃子裡的燒杯拿出來又仔細看了一遍；他發現，裡面的硝酸纖維素溶液揮發後留下一層薄膜，就是這層薄膜將玻璃牢牢黏住，所以玻璃碎片不會散開。

這個發現讓別奈迪克精神大振。他一整個晚上沒睡覺，不斷的調配試劑，用透明的硝酸纖維素將兩片玻璃黏在一起，成功製造出即使碎裂也不會四散飛濺的安全玻璃。

第一次世界大戰期間，法國軍隊的防毒面罩就是使用別奈迪克發明的安全玻璃呢！

說到安全玻璃，不能不提起玻璃的發明。玻璃出現在大約西元前三千至兩千年，也是一個偶然的發現。根據西元前一世紀的古羅馬學

家普林尼（Gaius Plinius Secundus）在《博物誌》中的描寫：腓尼基人在沙灘上生火煮食，發現灶上的硝石與海灘上的沙子混熔後，就會形成一種清澈的液體。大約在西元前一五〇〇年左右，埃及人發明了製造玻璃容器的方法。大約西元前兩百年，巴比倫的工匠發明了吹製玻璃的方法；後來，羅馬人也學會了，並隨著他們征服各地的過程，將玻璃吹製的方法傳播到西歐。到了十三世紀，義大利的威尼斯成為西方世界的玻璃製造中心，直到今天依然盛名不墜呢！

從玻璃到安全玻璃，包括玻璃工藝品、玻璃器皿，以及汽車、飛機和建築物上安裝的安全玻璃，在人們的日常生活中使用得相當廣泛。別奈迪克當初一個小小的失誤，竟然能為世人帶來安全的保障；

很多時候，發明只在一念之間呵！

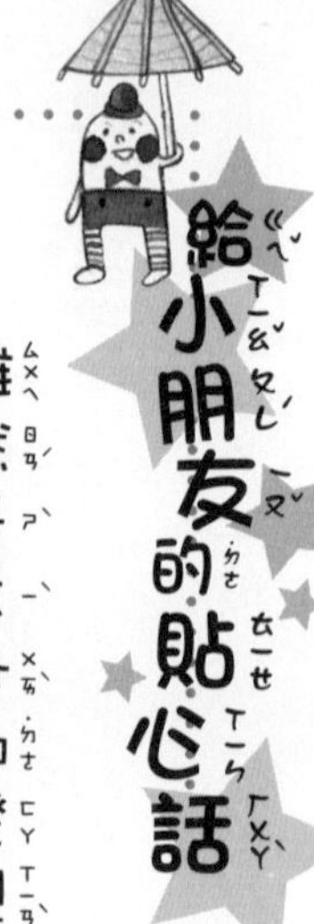

給小朋友的貼心話

雖然是意外的發現，但也因關心他人的需求，別奈迪克才能創造出安全玻璃。小朋友，多注意親人或他人的需求與不便，並思考解決的辦法，你也可能成為小小發明家呵！

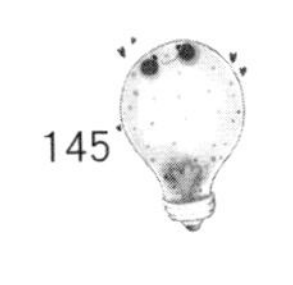

來自石油的便利材料——塑膠

一九〇七年，美籍比利時科學家貝克蘭（Leo Baekeland）在實驗室裡仔細端詳一個玻璃器皿。在這容器的底部，一些黏糊糊的東西引起他的注意，他心裡不斷的思考：「這應該可以做些什麼吧？」

這不是貝克蘭的新發現。早在一八七二年，德國化學家拜耳（Adolf von Baeyer）做過一個實驗：他從燃燒煤氣燈所產生的煤渣中提煉出一種溶劑，稱為「酚」，將酚與甲醛進行反應，結果會在玻璃器皿底部產生殘渣。由於拜耳主要的研究重心在開發新的合成塗料；所以，在他看來，這些不溶於水又黏糊糊的東西毫無研究價值可言。

不過，貝克蘭可不這麼認為。他正在研究一種可以在溶劑裡溶解成為絕緣漆，又能像橡膠那樣具有可塑性的材料；拜耳毫不在意的殘渣，很可能可以發展出他心裡想要的理想材料。實驗了一段時間之後，他發現，必須要能精確的控制揮發性物質的化學反應，他的研究才能有所突破。於是，他先研發出一種可以改變或控制溫度與壓力的鍋爐儀器；使用這種儀器，他終於成功控制酚與甲醛的化學反應，發展出一種可以快速硬化、又能利用容器成形的新材料——酚醛樹酯。

酚醛樹酯又稱「電木」，是一種堅固而穩定的物質；不但可以耐高溫，在常溫之下不會燃燒或融化，即使遇到酸性物質或溶劑，也不

會扭曲變形或溶解。美國政府立刻發現這種新材料的發展潛力，在第二次世界大戰中，便大量使用電木取代部分鋼鐵材質製造武器，可以讓武器的重量減輕。二次大戰結束後，電木被用來製造插座、電氣用品外殼和零件、器具的結構及玻璃纖維等，用途十分廣泛。

貝克蘭發明的是世界上第一個「熱固性塑膠」——當塑膠加熱到某一溫度後就硬化而永久成形，即使再度加熱也不會軟化。其實，在他發明電木之前，已經有人發明「熱塑性塑膠」。一八六二年，英國化學家帕克斯（Alexander Parkes）研發出火棉膠，又稱硝酸纖維素，是硝化纖維與乙醚化合而成的產物；將它加熱時會軟化，成形冷卻後變硬，若再次加熱便又會軟化。

帕克斯發明火棉膠後不久，賽璐珞也發明出來了。賽璐珞在

一八六八年由約翰．魏斯里．海亞特（John Wesley Hyatt）研發。當時流行撞球，而早期的撞球粒以象牙製成，造成許多大象被殺害；因此，他在火棉膠中加入一種月桂樹的萃取物質製成撞球粒，取代了象牙，這種塑膠便被稱為賽璐珞。由於賽璐珞屬於熱塑性塑膠，經過摩擦容易起火燃燒，現在已經很少使用了。

塑膠的發展自從貝克蘭之後，陸續有各種不同成分及性質的塑膠產生；現今，我們的生活周遭有很多塑膠製品。在塑膠發明一百多年後的今天，只用一次就丟的塑膠製品越來越多；它成為垃圾之後不容易在自然環境中分解，燃燒時還會產生有毒氣體，很不環保。有人認為它是讓人類生活美好的發明之一，也有人說它是最糟的發明；所以，現在有許多人研究可分解的塑膠及塑膠替代品。

不論塑膠的發明到底是好是壞，如果大家都有多次使用的觀念，以及當它不再能被利用時便做好資源分類回收，這才是最重要的。

給小朋友的貼心話

各種塑膠製品在我們的生活當中十分常見，相當便利；但是，從環保的角度來看，它並不是一個很理想的材料。你身邊有多少東西是塑膠做的呢？一定不少吧！千萬不要任意丟棄，破壞我們的環境呵！

一拉就合的方便設計——拉鏈

「怎麼了？是不是又有人寄信來抱怨？」森貝克（Gideon Sundback）是瑞典籍的美國電機工程師，公司員工拿了一封已經打開的信，面有難色的交給他。

「是的……我覺得他們的要求太高了。」員工替森貝克打抱不平。

「我沒有把東西做好，這是我的錯。」森貝克從一九〇八年就開始研究拉鏈的改良。以前的拉鏈是在兩塊布的邊緣鑲嵌一個個U形的金屬牙，再把一個兩端有開口、前大後小的套件扣在金屬牙上；拉動套件時，透過它的滑動，便能將金屬牙接合在一起，反方向拉動套件時則可解開。人們叫它「滑動鬆綁器」或「可滑動的扣子」。

不過，這種在一八五一年發明出來的早期拉鏈，很容易繃開或卡住，而且過於笨重，不能彎曲，也不能洗滌，因此不受廠商青睞，以至於發明後過了很長一段時間都沒有流行起來。森貝克開了一家拉鏈公司，為了改善產品的缺點，他著手研究拉鏈的改良；不過，即使他已經製造出比較好的拉鏈，還是經常收到消費者抱怨的信件。

然而，這並沒有打擊到森貝克的信心。他前前後後花了將近十年的時間，參考消費者的意見，終於在一九一七年改良成功——將金屬牙改成一個個凹凸形的鏈齒，使它們一個緊套一個，就不容易分開了。他創造出現代的新型拉鏈，並獲得美國專利，又將公司改名為「無鉤式鈕扣公司」，改良後的拉鏈則稱為「無鉤式二號」。

一開始，他的拉鏈訂單不多；後來，有百貨公司為了杜絕仿冒品，在套裝和裙子上加拉鏈，使他的生意有了起色。為了爭取更多客戶，他仍然不斷的改良拉鏈。後來，因為爆發第一次世界大戰，大量的軍隊用品包括軍服、皮靴等都需要使用拉鏈，政府甚至撥金屬材料給生產者製造拉鏈。森貝克的公司當時每天都要生產一千六百多條拉鏈，才足以供應軍隊及民間的需要。

後來，美國俄亥俄州一家製造鞋子的公司，使用森貝克的拉鏈在他們的產品上，並將改進建議告訴森貝克，再經過改良之後生產出裝了拉鏈的「奇妙靴」（Mystery Boot），穿脫相當方便，銷售人員稱它為「Zipper靴」。之後，Zipper就成為拉鏈的英文名稱了。

成衣界大量採用拉鏈，是於一九三〇年代中期，一位服裝設計師在一場服裝秀展示許多有拉鏈的衣服之後展開；從此，拉鏈傳遍世

界各地，不僅衣服、靴子上裝拉鏈，各種包包、枕套、被套、睡袋等也都使用到拉鏈。這小小的發明已經在我們的生活中產生大大的影響力；檢視一下身上的衣服及周邊的用品，說不定有好幾件都應用到拉鏈呢！

給小朋友的貼心話

為了改良小小的拉鏈，森貝克前後花了將近十年的時間呢！正因為這般的認真投入，才能讓拉鏈終於獲得成功。小朋友，當你學習某樣才藝或某項學問時，想想森貝克的精神吧！

傳遞影音的奇妙盒子——電視

英格蘭西南部的黑斯廷斯（Hastings），貝爾德（John Logie Baird）在一堆廢棄物當中翻翻揀揀；他找到一個盥洗盆、一個破的茶葉箱、一個廢棄的電動機及軍用的電報機，還有一堆雜七雜八的東西，準備把這些破舊的東西扛回附近的實驗室。

「又要搬壞掉的東西回去呵？」經過的鄰居問道。

「我要做實驗。」貝爾德說。

貝爾德是一位工程師，這已經不是他第一次在路邊撿廢棄物了，鄰居們早就見怪不怪，但還是有人忍不住要問。

無線電技術當時已經廣泛應用在通訊和廣播了，世界各國許多科學家及工程師都在進行研究和實驗；他們認為，無線電既然可以傳送聲音，應該也可以傳送影像，希望能夠發明出傳播現場影像畫面的電視機，但都沒有成功。

貝爾德也是其中之一。他從十九歲開始，就對德國工程師尼普柯夫（P. Nipkow）發明的機械轉盤很有興趣；那是一個圓形的金屬盤，上面有一整排沿著一條螺旋線排列的小孔，金屬盤前方放置一個物體。隨著金屬盤不斷的旋轉，可以將物體的影像從上到下掃過，這時就出現了一個有趣的現象：原本藏在圓盤後方的物體，竟然也能夠看得很清楚，就好像透過一個不斷移動的鑰匙孔觀察外面的世界。

「利用這個轉盤的原理，是不是能夠將影像以電子傳送出去呢？」貝爾德沒有充裕的資金，只能在簡陋的實驗室裡利用各種廢棄的物品組裝實驗。他的毅力實在讓人佩服，這個實驗進行了十八年之久，直到一九二四年終於有了突破。

這一年的春天，貝爾德一如往常，在實驗室裡用厚紙做成四周戳有小洞的圓盤，與安裝在破茶葉箱上撿來的電動機連結，用電動機來轉動圓盤，將一個個掃瞄出來的小點影像轉成電子訊號，傳送到另一個裝置之後，再將電子訊號轉成許多小點的影像，並加以重組還原成一個完整影像。利用這個簡單的機械，貝爾德成功將一個十字花的影

像發射出去；只是，最遠距離只有三公尺，而且影像模糊不清，只能看見輪廓。

「這樣還是不行啊！是不是電壓不足呢？」貝爾德又繼續一連串的實驗，把好幾百顆電池連接起來，接通了電路；想不到，左手不小心觸碰到連接線，「啊！」他大叫一聲，隨即被強大的電流擊昏了。

這起事故上了第二天的倫敦《每日快報》；一時之間，貝爾德成了新聞人物。他靈機一動——何不利用這個機會募集研究資金呢？於是，他邀請記者來看他的實驗表演；消息發布出去，果然引起一家無線電公司老闆的興趣，願意提供他經費，並將實驗室搬到倫敦。不久之後，經費用完了，又有一家百貨公司的老闆願意贊助他進行實驗；

條件是，他必須在百貨公司門口表演，以吸引顧客上門。不過，表演的效果不太好，因為模糊的影像讓大家沒有興趣觀看。

後來，貝爾德將所有經費都用完了，連基本的生活開銷都有問題。他的兩個堂兄弟這時寄錢過來幫助他，讓他的研究可以繼續下去。

成功的一天終於到來了。一九二五年十月二日的清晨，他在接收機上看見一個清晰的影像，那是他用來測試的木偶頭像「比爾」。

「成功了！成功了！」貝爾德高興得跳了起來，十幾年的研究和實驗沒有白費，他終於嘗到成功的果實。

貝爾德的名字在世界傳開了；他隨即又開始研究彩色電視，在一九四一年獲得成功。從此以後，各國科學家在他的研究基礎上，陸

續發明出各種功能更好的電視機，貝爾德也因此成為世界公認的「電視之父」。

給小朋友的貼心話

看電視幾乎已經成為許多家庭的共同娛樂。好的電視節目可以讓我們吸收知識、增廣見聞；但是，可不要看得太入迷，而忘了與家人交談或課業等更重要的事呵！

人造絲織就的布匹——尼龍

「這是什麼？」卡羅瑟斯（Wallace Hume Carothers）拿起一根玻璃棒，玻璃棒頂端沾著的乳白色細絲，引起了他強烈的好奇心。

卡羅瑟斯是美國的化學家，曾經在哈佛大學擔任化學教師，三十三歲時應聘到杜邦化學公司上班。一九三二年夏季的某一天，卡羅瑟斯如同往常一樣，很早就來到自己的實驗室，準備開始一天的工作；他拿起上次實驗失敗的玻璃棒，立刻注意到這個特殊的現象。

玻璃棒頂端沾附的是上次實驗沒有清洗掉的殘渣，成分是聚酰胺化合物；他用手拉了拉這根細絲，發現細絲越拉越長，而且不會斷。

卡羅瑟斯太驚訝了，「這應該可以做些什麼用途吧！」這個念頭一直擱在他的心裡，一九三五年終於成真——他成功的把聚酰胺化合物拉成細絲，製造出人造絲，被稱為「尼龍」。卡羅瑟斯任職的杜邦公司傾全力發展尼龍人造絲，很快就占領了市場。

尼龍人造絲可以像天然絲一樣織成布匹，做成窗簾、衣服、袋子、襪子等，用途相當廣泛。杜邦公司設計生產出來的尼龍絲襪，透明而有彈性，可以修飾腿部線條，尤其受到婦女喜愛；一九四〇年五月五日，第一批尼龍絲襪上市，七千多雙絲襪在一天之內被搶購一空。不過，當時正值二次大戰期間，尼龍被列為軍需品，大多被用在

製造降落傘，所以很多人排隊也買不到尼龍絲襪；甚至還有人買了再抬高價錢轉賣出去，造成黑市猖獗呢！

其實，絲襪並不是杜邦公司最早發明的。早在十六世紀，法國皇室及貴族已流行穿絲襪，材料包括棉布、紗布、織錦、絲綢等，穿著起來並不舒適，主要都是男性在穿。直到杜邦公司推出尼龍絲襪後，輕薄柔軟的材質才受到婦女青睞。

早期的尼龍絲襪在腿部後方有一條垂直的接縫，這條接縫什麼時候才不見的呢？二次大戰期間，在日本神奈川縣厚木市的美軍基地，許多美國大兵為了討日本女性歡心，會用尼龍絲襪當禮物；一家編織工廠的負責人堀祿助看到這個現象，便想在絲襪上下工夫，編織出更好的絲襪。於是，他在一九五三年開發出圓織的編織機，絲襪的後方不會有一條接縫。

不過，堀祿助的苦心並沒有得到日本婦女喜愛。幾年之後的某一天，他接到一封美國公司的航空信，表示對他研發的產品很有興趣，堀祿助便將市場轉移到歐美。當時的世界時裝潮流趨勢是穿迷你裙，無接縫的尼龍絲襪是不能缺

少的搭配；因此，堀祿助的尼龍絲襪在歐美大受歡迎，並行銷到世界其他地區，也一樣造成熱潮。直到今天，還是有很多婦女喜歡穿絲襪呢！

給小朋友的貼心話

因為一時好奇，讓卡羅瑟斯發明出功能甚大、影響甚遠的尼龍人造絲。小朋友，保持好奇心，你也可能發現特別的現象或創造出造福人們的發明呵！

游泳時的最佳穿著——泳裝

在巴黎的一個游泳池旁邊，一位身著比基尼的女性正在展示身上的「服裝」；在此起彼落的相機快門聲之間，她不時的改變姿勢讓記者拍照。

「天啊！居然有人敢這樣穿！」圍觀的其他婦女簡直不敢相信自己的眼睛；這種用布極少的泳衣，只遮住身上的重點部位，在她們看來跟沒穿一樣。

這是法國人路易斯・里爾德（Louis Reard）於一九四六年設計的

最新款泳衣，取名為「比基尼」；因為當時離法國試爆原子彈才十八天，試爆的地點在比基尼小島，他便取了這樣的名字。路易斯．里爾德剛推出比基尼時，由於大家的觀念很保守，沒有一位模特兒敢穿著出現在大庭廣眾前，只有一位舞孃大膽接受全新的嘗試。

這次的公開展示，雖然有些婦女不認同，卻也引起許多婦女的注意；她們開始嘗試穿比基尼到海灘戲水，展現活力與自然美。於是，短短一個禮拜左右，比基尼就從巴黎風靡到全歐洲了。

雖然比基尼在歐洲造成流行，還是有一些國家——例如義大利和西班牙——禁止穿著，甚至在海灘驅逐穿比基尼泳裝的人呢！一九五二年，一位澳大利亞設計師將比基尼引進國內，請六位模特兒在海灘展示，海岸巡查員立刻前來阻止，還押送其中一位模特兒離開，一邊抓人、一邊喊著「太短了、太短了！」不過，設計師隨後請來報社記者、市長、牧師和警察局長，到現場觀看其他五位模特兒展示，結果什麼事都沒有發生，反而達到了驚人的宣傳效果。

這些國家當時會對穿比基尼這麼大驚小怪，是因為以前的人很

保守。中世紀的歐洲，婦女不能在公眾場合游泳或洗浴；直到十七世紀，因為盛行與醫療有關的藥浴、礦泉浴等，才讓婦女終於能夠在外洗浴。可是，當她們一出水面，馬上就有侍者來替她們穿上長及腳踝的長袍，並戴上一頂帽子。

到了十九世紀，一種繫著皮帶、有著寬大及膝裙子的泳裝出現了；穿著這種泳衣，裡面還要穿褲子及絲襪，並且頭戴泳帽，腳上穿著繫帶的鞋子。十九世紀末，又出現有袖子和護腿的泳裝，有點像嬰兒的連身服裝，裡面還要穿胸衣。如此全副武裝的下水游泳，真的一點也不輕鬆；但有些國家嚴格規定女性泳衣必須從頸部覆蓋到膝蓋，不這麼穿還會被罰款。一九〇七年，澳大利亞的游泳選手在美國波士

頓穿了一件連身的緊身泳衣，就被警方逮捕了。至於男性，從以前到現在都是穿一件泳褲就可以下水游泳。自從比基尼出現後，女性泳衣的尺度大開，不必再擔心因為穿著「不當」而被罰款。

幾年前，有科學家仿造鯊魚皮的紋路製造泳衣；游泳選手穿著這種泳衣，游泳時可以減少水的阻力，使速度加快。泳衣的變化還真是五花八門呢！

給小朋友的貼心話

在炎熱的夏天裡戲水最消暑了！不過，要注意的是，一定要到有救生員的泳池、水上樂園或海邊玩水，不要輕忽自己的生命安全呵！

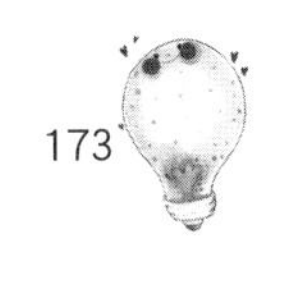

人類的好幫手——工業機器人

美國發明家英格伯格（Joseph Ingeborg）彎曲著手臂，一會兒又伸直，又或者轉動手腕，不停的重複這些動作；旁邊的朋友們看了覺得奇怪，忍不住問：「你的手不舒服嗎？是在做運動嗎？」

「不是，我在想有沒有可能發明出像人類手臂這樣靈活的機械；有些比較危險的工作環境，或許可以用機械人代勞。」英格伯格在大學讀伺服理論，這是一種研究用信號來控制機械的科學。他曾經看過汽車製造工廠的生產過程，從業人員在又熱又危險的的環境裡工作，還要忍受每天不斷重複的動作；如果機器可以代勞，不但可以降低工作的危險性，也能提高產量。

英格伯格想到了他的好朋友德沃爾（Devol），兩個人專精的領域不同。德沃爾在一九四六年發明出可以「記錄」動作程序、並且能按照程序重複動作的機械手臂，後來還申請了專利。

「我們一起合作，發明一種可以運用在汽車工業的機械人！」英格伯格興致勃勃的對德沃爾說道。

「太好了！我也有這個想法。」德沃爾一口答應。兩個人便開始聯手合作，一起在實驗室裡進行研究；由英格伯格負責機器人的「四肢」和「身體」，即機械和操作部分；德沃爾則設計機器人的「頭腦」、「神經系統」和「肌肉系統」，即控制裝置和驅動裝置。兩個不同領域的專家分工合作，在一九五九年研發出外形像個坦克砲塔的機器人。它的基座上有一個大機械臂，就像人的手臂一樣，有上臂和下臂，中間有關節連結；下臂的前端也有像手腕的關節，可以轉動「手部」，也就是操作器的部分。他們將發明應用在汽車工業的生產製造，成為世界第一臺真正實用的工業機器人。

其實，在他們發明機器人以前，就已經有機器人「robot」一詞了，意思是指機械裝置的生物，取自捷克字robota（勞工）。這個字出現在一九二一年，捷克科幻作家凱皮克（Karel Capek）寫了一本科幻小說《羅桑的萬用機械人》（*Rossum's Universal Robots*），裡面第一次用到這個字。世界上當時並沒有機器人，小說的情節全部是杜撰的，卻因此啟發科學家探索機器人的研究製造；經過了幾十年，發明出各式各樣、琳瑯滿目的機器人。

現在的機器人有各種不同的功能；例如，可以替人類打掃的機器人、在工廠工作的機器人、可以幫科學家到其他星球採樣的機器人、還有當成娛樂消遣的寵物機器人。機器人的外形也越來越多變化，甚至可以做得像真人一樣逼真，動作及姿態也都栩栩如生，還會模擬人類的情感，不像早期的機器人那麼呆板。

未來的機器人會是什麼樣子呢？我們可以盡量發揮想像力，不要以為不可能呵！最早的機器人就是從科幻小說中幻想而來的哩！

給小朋友的貼心話

「機器人」在我們的生活周遭無所不在；吸塵器、掃地機、電腦等可以幫我們做事的機器，都是廣義的機器人。但是，不管機器再怎麼聰明，都還是必須透過人類的操作才能運作；可不要太過於依賴機器，讓自己的身體及腦袋都生鏽嘍！

記下你的
妙點子！

記下你的

妙點子！

記下你的

妙點子！

國家圖書館出版品預行編目資料

妙點子放光芒 / 吳立萍 / 作；肥咪 / 繪—
初版.—臺北市：慈濟傳播人文志業基金會，
2013.12〔民102〕192面；15X21公分
ISBN 978-986-6644-99-3 （平裝）
1.發明 2.通俗作品

440.6 102025973

故事HOME 26

妙點子放光芒

創辦者｜釋證嚴
發行者｜王端正
作者｜吳立萍
插畫作者｜肥咪（房敬智）
出版者｜慈濟傳播人文志業基金會
11259臺北市北投區立德路2號
客服專線｜02-28989898
傳真專線｜02-28989993
郵政劃撥｜19924552 經典雜誌
責任編輯｜賴志銘、高琦懿
美術設計｜尚璟設計整合行銷有限公司
印製者｜禹利電子分色有限公司
經銷商｜聯合發行股份有限公司
新北市新店區寶橋路235巷6弄6號2樓
電話｜02-29178022
傳真｜02-29156275
出版日｜2013年12月初版1刷
建議售價｜200元